海洋环境治理网络的结构与绩效：基于坦帕湾与象山港的比较研究

龚虹波　著

海洋出版社

2024 年·北京

图书在版编目（CIP）数据

海洋环境治理网络的结构与绩效 ： 基于坦帕湾与象山港的比较研究 / 龚虹波著. -- 北京 ： 海洋出版社，2024. 11. -- ISBN 978-7-5210-1425-9

Ⅰ. X834

中国国家版本馆 CIP 数据核字第 2024XS2871 号

责任编辑：赵　武		发 行 部：	（010）62100090
责任印制：安　淼		总 编 室：	（010）62100034
排　　版：海洋计算机图书输出中心　晓阳		网　　址：	www.oceanpress.com.cn
		承　　印：	涿州市殷润文化传播有限公司
出版发行：海洋出版社		版　　次：	2024 年 11 月第 1 版第 1 次印刷
地　　址：北京市海淀区大慧寺路 8 号		开　　本：	787mm×1092mm　1/16
邮政编码：100081		印　　张：	14.25
经　　销：新华书店		字　　数：	210 千字
技术支持：（010）62100052		定　　价：	88.00 元

本书如有印、装质量问题可与发行部调换

国家自然科学基金"网络协作影响蓝色海湾治理绩效的组态条件和因果机制分析"（42376224）项目成果

前　　言

　　海湾作为沿海发达地区的核心，不仅是国家战略的重要节点，也是全球经济与生态系统的重要组成部分。海湾区域的独特性在于其生态系统的复杂性和对人类活动的高度依赖性。这些区域通常是生物多样性的热点，同时承担着重要的经济功能，包括渔业、旅游业、交通运输业等。随着全球化和区域发展的加速，海湾地区面临着前所未有的发展机遇与环境挑战。

　　海湾地区，作为海洋与陆地的交汇处，不仅拥有丰富的自然资源，同时也是全球重要的经济和文化中心。这些地区以其独特的生态系统而闻名，充斥着丰富的生物多样性，这其中包括了多种鱼类、贝类、哺乳动物以及鸟类。这一生态多样性不仅为海洋生物提供了一个繁荣的生存环境，也对陆地生态系统的健康和稳定起到了至关重要的支持作用。海湾区域的生物群落通过其复杂的食物链相互依存，形成了一个高度互联的生态网络。这些生物群体不仅是食物链中的关键环节，提供必需的营养物质，维持其他生物的生存，而且对大气质量和气候调节有着不可替代的作用。海湾区域的生态系统还影响着全球的碳循环和能量流动，对于地球生态平衡的维护具有决定性影响。例如，海洋植被如海藻和红树林，不仅为海洋生物提供栖息地，还是碳汇的重要来源，有助于减少大气中的二氧化碳。此外，这些区域的生物多样性还对人类社会有着直接和间接的益处，从食物供应到药物开发，从文化价值到生态服务，生物多样性的每一个方面都与人类的福祉密切相关。

　　海湾地区的经济价值在全球经济体系中占据着举足轻重的地位，尤其是在促进国际贸易和区域经济发展方面。这些地区的港口和航运业的繁荣发展，使得海湾地区成为全球贸易流动的关键枢纽。这里不仅是货物集散地，也是国际商业活动的重要门户，连接着世界各大洲的贸易线路。随着全球化的加深，这些地区的战略位置更加突出，对全球供应链的稳定和效率起到了至关重要的作用。海湾地区的经济潜力不仅体现在传统的港口和航运业上，还在于丰富的海洋资源。海洋生物资源的开发，如渔业、海洋生物制药和生物技术等，为当地提供了重要的经济收入和就业机会。这些资源的合理利用有助于推动可持续的海洋产业发展，增强地区的食品安全和生物经济基础。此外，油气资源的勘探和开发是海湾地区经济的另一个重要支柱。随着先进的海洋工程技术和环保技术的应用，海洋油气田的开发已成为能源供应中不可或缺的一部分，对全球能源市场产生了深远的影响。这不仅带动了地区经济的增长，也为全球能源安全做出了贡献。海湾地区还是许多国家和地区的经济增长点，这里的自由贸易区和经济特区吸引了大量的外国直接投资，成为推动经济全球化的重要力量。各种基础设施的建设和完善，如港口设施、物流中心和交通网络的升级，进一步增强了这些地区作为国际贸易枢纽的地位。此外，随着技术的进步，海洋能源开发如风能和潮汐能等可再生能源的潜力正在被逐步挖掘，预示着这些区域在未来能源结构转型中将扮演更为关键的角色。

　　海湾地区的社会文化价值体现在多个方面，尤其是在推动文化交流与促进地区经济发展中的独特作用。历史上，许多文明的发展和重要城市的建立都与这些地区的地理位置密切相关。海湾因其天然的港口条件成为古代文明交流的枢纽，不仅促进了商品的贸易，还加强了不同文化和思想的交流与融合。这些文化的相遇和互动在历史的长河中孕育出独特的地区文化特色，形成了丰富的文化遗产。在现代，海湾地区的文化价值依然显著。这些地区因其独特的历史背景和自然景观，成为全球旅游业的重要目的地。游客被其宜人的气候、美丽的海景以及丰富的文化活动所吸引。例如，地中海地区的海湾城市就以其历史古迹、艺术作品和美食文化而闻名于世，吸引了大量国际游客前来体验和探索。此外，海湾地区的节庆活动和文化庆典也展示了其独特的社会文化价值。这些活动不仅是地方文化传统的体现，也是推动社会凝聚力和文化认同的重要方式。通过节庆活动，本地居民和游客能够更深入地了解当地的历史与文化，促进了文化的保存与传承。休闲旅游业的发展还极大地推动了海湾地区的经济增长。旅游业的繁荣带动了酒店、餐饮、零售和交通等相关行业的发展，为当地创造了大量就业机会，并提升了地区的经济活力。这种经济与文化的双重推动作用，使得海湾地区不仅在经济地位上不可或缺，其社会文化的贡献也同样重要。

　　然而，全球海湾地区作为地球上生物多样性和人类活动交汇的关键区域，面临一系列日益加剧的环境挑战。随着全球人口的增加和经济活动的集中，这些地区的自然资源承受了极大的压力。特别是水资源的短缺和渔业资源的过度开发，已经对海湾地区的生态平衡和可持续发展造成了严重威胁。过度捕捞导致的鱼类种群下降，不仅影响了生物多样性，还威胁到依赖这些资源生存的沿海社区的经济福祉。与此同时，海湾地区的环境污染问题日益严重。随着工业化和城市化的推进，大量的废水、废气和固体废物被直接或间接排放到海湾中。这些污染物中的有毒化学物质、油污和塑料废物对海洋生物的生存构成了致命威胁，破坏了海洋生态系统的健康。例如，塑料微粒的积累已经在全球范围内的海洋生物体内被检测到，影响了食物链的每个层级。此外，海湾地区的生态破坏是一个不断加剧的问题。为了发展旅游业和增强地区的商业吸引力，频繁进行的海岸线改造和湿地填埋活动，严重破坏了原有的生物栖息地。这种破坏不仅减少了生物多样性，还削弱了生态系统对自然灾害的抵御能力，比如海平面上升引发的洪水。

这些自然灾害不仅对生态环境构成威胁，也加大了人类社区面临的风险，尤其是低洼和沿海地区。最后，气候变化对海湾地区的长期影响尤其显著。全球温室气体的排放导致全球温度上升，引起的海平面上升和海洋酸化现象直接威胁到海湾地区的生态和经济结构。海平面的持续上升导致海岸侵蚀和盐水入侵，威胁到沿海农业和饮用水源。同时，极端天气事件如飓风和暴雨的增加，对这些地区的基础设施和人民生活造成了严重破坏。

综上所述，全球海湾地区正面临多方面的环境挑战，这些挑战不仅影响了当地和全球的生物多样性，还威胁到人类的经济福祉和社会安全。面对这些挑战，需要国际社会的共同努力，通过科学研究、政策制定和公众教育等多种方式，推动环境保护与可持续发展策略的实施，以减轻和适应这些不断变化的环境压力。

坦帕湾位于美国佛罗里达州，而象山港则位于中国浙江省，这两个港口都拥有显著的地理和经济重要性，对各自所在地区的经济活动和生态系统发挥着至关重要的作用。

坦帕湾位于美国佛罗里达州西海岸，是墨西哥湾沿岸最大的开放水体之一，拥有极为丰富的自然资源和生物多样性。这个大型天然港湾不仅是坦帕市、圣彼得堡市和清水市的交汇点，而且其周边还散布着多个小型岛屿，共同构成了该地区的重要都市区。这些岛屿和水域为多种海洋和陆地生物提供了栖息地，使坦帕湾成为维护区域生物多样性的关键区域。地理位置的优越使坦帕湾成为一个重要的经济和生态枢纽。该湾区的生态系统极为丰富多元，包括广阔的海洋、湿地和其他多种生态环境，支撑着繁多的生物种类，如鱼类、鸟类、海龟和多种水生植物。这些生态资源不仅对环境保护者具有高度的研究价值，也吸引了众多自然爱好者和生态旅游者。在经济方面，坦帕湾地区是佛罗里达州经济最活跃的区域之一。坦帕港，作为美国十大最繁忙港口之一，是一个重要的国际贸易门户，尤其是与拉丁美洲和加勒比地区的贸易联系密切。港口的主要业务包括集装箱运输、磷酸盐的开采与出口以及农业物资的贸易等,这些业务不仅为地区带来了商业机会,也极大地推动了当地的经济发展。坦帕湾的旅游业也是其经济的重要组成部分。该区域以其独特的地理环境和丰富的文化背景吸引了大量的国内外游客。游客可以享受到美丽的海滨风光,参与水上运动,或是探访多个历史地标和文化景点。此外,坦帕湾地区还举办多种文化和体育活动,如国际帆船赛、音乐节和其他节庆活动,进一步增强了旅游业的吸引力。此外,坦帕湾地区的生态旅游业也在稳步发展。由于其独特的生态系统和生物多样性,该地区已经成为生态旅游和野生动植物观察的热点。政府和各环保组织积极推动可持续旅游,保护自然环境的同时,为游客提供了与自然亲密接触的机会。经济多元化是坦帕湾地区发展的另一个特点。除了港口和旅游业,坦帕湾还发展了高科技、金融服务和教育等多个行业。多个研究机构和高等教育机构的设立,使得该地区在科研和技术开发方面也占据了重要地位。

象山港位于中国浙江省宁波市象山县,坐落在中国东海海域的南翼,是该省第三大渔港。这一天然深水港拥有显著的地理优势,其宽广的港汊和优越的位置使其成为浙江省的重要渔业基地。象山港的水域广阔,海岸线曲折,提供了极佳的避风和泊位条件,适合各类船只停靠。经济上,象山港扮演着多重重要角色。作为中国东南地区的主要渔业生产基地之一,象山港不仅为当地居民提供了大量的就业机会,还满足了区域乃至国际市场对海产品的需求。该港口的渔业资源极为丰富,涵盖从捕捞到加工的全产业链,极大地推动了地方经济的发展。除了传统的渔业,象山港还发展了现代化的海产品加工业。这些加工企业利用当地丰富的海洋资源,生产高附加值的海产品,不仅满足国内消费者的需求,也将产品出口到国际市场。海产品加工业的发展带动了地方经济的多元化,提升了象山港的经济地位和国际竞争力。此外,随着政府对海洋经济的加大重视,象山港的战略地位愈发突出。

它已经发展成为一个重要的海上运输和物流节点，连接着国内外的多条航线。这使得象山港不仅是一个渔业中心，还是一个关键的物流和运输枢纽，有助于推动区域经济的一体化发展。现代化的物流设施和有效的运输网络保证了货物的快速流通和高效交换，进一步加强了象山港在全国乃至国际贸易中的地位。象山港的发展不仅提升了宁波市乃至浙江省的经济影响力，也为中国东南地区的海洋经济增长做出了重要贡献。

总体来看，坦帕湾和象山港在各自地区内不仅扮演着关键的经济角色，还对生态环境具有深远的影响。坦帕湾作为美国佛罗里达州的重要经济和生态中心，其港口业务的繁忙以及丰富的自然资源使其成为全球贸易和生物多样性保护的重要地点。相似地，象山港作为浙江省的主要渔业基地，不仅支撑着地方和国际的海产品需求，也是生物多样性的宝地。两地都是其国家海洋活动不可分割的组成部分，对保持区域生态平衡和促进经济发展具有至关重要的作用。

然而，尽管坦帕湾和象山港的地位无可替代，但随着这些海湾地区的利用程度不断提升，它们面临的管理和保护挑战也日益加剧。传统的管理方法，如单一的政府控制或简单的规则制定，已经无法有效应对日益复杂的环境和社会经济问题。资源的过度利用、生态环境的恶化以及由此引发的管理冲突，都需要更加灵活和动态的管理策略来解决。在这种背景下，治理体系的演变和行动者之间的互动成为关键的考量因素。

海湾往往是公共池塘资源，有多样化的互相竞争的行动者共同使用，且经常导致资源耗竭和管理冲突（Hardin，1968）。随着海湾开发利用程度的日益提高，利益主体日益多元，利益关系日趋复杂，传统的管理方式已与社会经济发展明显不适应。大量研究表明，行动者就规则和行为达成共识、共同致力于矛盾的解决、协商权衡、共享信息和资源都将有助于海湾环境的保护与可持续发展（Ostrom，1990；

Berkes and Folke，2000）。从总体上看，海湾环境治理是从国家命令—控制式管理不断地向网络化治理转变的过程（王琪，刘芳，2006；JV Leeuwen，JV Tatenhove，2010）。已有研究表明，当不同利益的行动者共同处理海湾环境治理问题时，确实存在着网络（Scholz and Wang，2006；Chang Y C，Gullett W，Fluharty D L，2014），而且治理网络对有效执行政策和解决海湾环境问题而言甚至比正式机构和组织更为重要（Scholz and Wang，2006；Stein C，Ernstson H，Barron J.，2011）。

但是，治理网络是如何影响海湾环境治理绩效的呢？在不同的政治、行政体制和"国家-社会"关系背景下，不同国家和地区的海湾环境治理网络也往往具有一定的差异性。那么，不同的海湾环境治理绩效受哪些网络参数影响，网络内参与者的互动行为又是如何影响海湾环境治理绩效的？进而言之，相同和不同的治理网络是如何将行动者联结起来、形成协调和合作机制，进而影响海湾环境治理绩效的？各自又有哪些优劣势和纠偏机制？一个具有良好海湾环境治理绩效的治理网络应该具有什么样的制度支撑？这些问题的回答对于不同国家和地区在彼此交流、相互学习的基础上共同提升海湾环境治理能力是不能回避的，同时也有助于推进学者们在同构和异构治理网络对公共管理绩效的影响机制分析上的探索。

目　　录

第一章　理论基础与研究框架

本章将为本书的研究提供理论基础和研究框架，重点介绍全球海湾环境治理的现状与挑战，探讨治理网络理论，并引入案例研究方法。通过对全球海湾环境治理的宏观审视，读者可以了解当前面临的主要问题和挑战。此外，本章将详细论述治理网络理论，包括治理网络的定义、类型及其在环境治理中的作用，旨在为后续的案例研究奠定理论基础。最后，本章将说明选择坦帕湾和象山港作为研究对象的原因以及本研究所采用的研究方法，通过对比研究发达国家与发展中国家在海湾环境治理中的不同策略和成效，提供有价值的学术洞见和实践经验。

第一节　全球海湾环境治理的现状与挑战

全球海湾作为地球上最富饶的自然资源之一，不仅支撑着广泛的生物多样性，还是许多国家经济活动的中心。海湾地区常常成为渔业和旅游业的重要场所，对全球生态系统具有不可替代的作用。然而，随着全球化的加速，这些珍贵的自然资产正面临前所未有的压力。

全球海湾环境面临着诸多压力，包括污染、城市化和气候变化。工业废物、塑料污染和溢油严重威胁海洋生态系统的安全，而城市化进程则加剧了这些问题。气候变化带来的海平面上升和海水酸化对生态系统产生了深远的影响。研究表明，污染和气候变化的结合效应加剧了水质恶化和营养物质负荷增加的趋势（Wang, Kalin, 2017）。此外，城市化和污染共同作用，使得生态系统面临复杂且相互作用的变化（Grimm et al., 2008）。气候变化的影响包括海水温度上升、酸化、缺氧、气旋增多以及海平面上升，这些变化对海洋生产力、栖息地和生物过程造成了影响。这些变化不仅威胁到鱼类和珊瑚礁等关键物种，还对依赖海洋资源的社区构成威胁。研究表明，气候变化和污染的相互作用可能会增强污染物的生物积累，进而影响海洋生物和人类食品安全（Alava et al., 2017）。全球范围内的城市化也加剧了环境问题，城市废物排放对生物地球化学循环和气候产生了显著影响。研究显示，城市化和土地利用变化对气候的影响相当于温室气体排放，对地表温度的升高有显著贡献（Kalnay, Cai, 2003）。

国际社会已经制定了多项合作框架和协议，以应对海湾环境问题。《生物多样性公约》（CBD）等国际公约旨在保护全球生物多样性，促进可持续利用和公平分享生物资源的利益。根据《生物多样性公约》秘书处的规定，缔约方需采取措施保护生态系统和物种，以确保生物多样性和人类福利（CBD Secretariat, 2020, https://www.cbd.int/）。此外，地区性合作计划如《地中海行动计划》（MAP）专注于特定区域的环境问题，致力于保护地中海海洋和沿岸环境。该计划由联合国环境规划署（UNEP）发起，旨在通过国家和区域合作来应对污染、保护生态系统和促进可持续发展（UNEP/MAP, 2017, https://www.unep.org/unepmap/）。各国政府也实施了各种政策和法规，以保护其海湾区域的生态环境。例如，中国政府在 2016 年由财政部和国家海洋局联合实施"蓝色海湾整治行动"，旨在通过中央资金支持，激励沿海地区的地方政府解决日趋严重的海湾生态环境恶化问题，以实现沿海地区经济和环境的可持续发展。美国的《清洁水法》（Clean Water Act, CWA）和欧盟的《海洋战略框架指令》（Marine Strategy Framework Directive, MSFD）都是为了减少污染物排放，保护水质和海洋生态系统（EPA, 2018, https://www.epa.gov/laws-regulations/summary-clean-water-act）（European Commission,

2008，https://ec.europa.eu/environment/marine/eu-coast-and-marine-policy/
marine-strategy-framework-directive/index_en.htm）。

然而，这些政策的执行力度和效果在不同国家间存在显著差异，主要受限于国内政治和经济因素。一些研究指出，国际环境协议的有效性取决于国家的经济能力和政治意愿。例如，在气候变化和污染控制的议题上，较富裕国家通常具有更多的资源和技术手段来实施环保措施，而较贫穷国家则可能面临更多的挑战（Carraro, Siniscalco, 1993）。总的来说，国际合作和法规制定对于保护海湾环境至关重要，但其成功与否取决于各国的实际执行情况和合作意愿。有效的国际环境治理需要全球各国的共同努力和持续的政策支持。

全球在海湾环境治理上进行的广泛的实践。以美国的坦帕湾和中国的象山港为例，这两个地区的环境治理策略展示了治理网络在实际操作中的复杂性和挑战性。坦帕湾的环境恢复项目取得了一定的成功，主要得益于多方参与和大量资金的投入。自20世纪80年代以来，坦帕湾实施了一系列严格的环境法规和治理措施，如《清洁水法》，并通过坦帕湾国家河口计划（Tampa Bay Estuary Program）协调各方努力，显著减少了营养物质的排放，改善了水质和生态系统的健康状况。坦帕湾的成功案例表明，地方政府、研究机构和市民的共同参与是环境恢复的关键。相较之下，象山港在整合地方与国家层面政策方面取得了进展。象山港长期以来面临工业污染、海洋富营养化和生物入侵等问题。近年来，当地政府通过实施严格的环境保护措施，如建设人工鱼礁和推进生态旅游，试图恢复受损的生态系统。然而，资源分配不均和政策协调不足仍然是象山港环境治理中的主要挑战。尽管如此，这两个案例均显示出在地方治理中的一些成功实践和面临的挑战。坦帕湾的案例表明，通过公众参与和跨部门合作，可以有效提升治理效果。而象山港的经验则强调了政策整合的重要性，特别是在资源有限的情况下需要更加精细和协调的治理策略。总体来看，两个地区的治理实践为全球其他地区提供了宝贵的经验和教训。

全球海湾环境面临着前所未有的多重挑战，其中最主要的是环境挑战和治理挑战。环境挑战包括海水污染、塑料废物堆积、有害化学物质的积累以及气候变化引发的海平面上升和海水酸化等问题，严重威胁着海湾的生态平衡、生物多样性和渔业资源。治理挑战则在于跨界治理的复杂性和协调难题，涉及多个国家和地区的利益，导致政策制定和执行困难。各国在环保政策上的差异和资源分配的不均衡进一步加剧了治理的复杂性和低效性。要应对这些挑战，实现海湾生态系统的可持续发展，亟须全球各国政府、国际组织和地方社区的共同努力，通过综合性的治理策略和跨国合作来保护和恢复海湾环境。

全球海湾区域面临的环境挑战主要包括海水污染、塑料废物堆积和有害化学物质的积累，这些问题严重威胁了海湾的生态平衡和生物多样性。此外，气候变化引发的海平面上升和海水酸化正在改变海湾的生态系统，对渔业资源和沿海社区构成重大威胁。首先，海水污染是一个广泛存在的问题，其主要来源包括工业废水、农业径流、城市污水以及海上活动排放的有害物质。这些污染物不仅直接影响海洋生物的生存，还通过食物链累积，最终影响人类健康。例如，工业废水中含有的重金属和有机污染物会通过水生生物传递到人类体内，导致健康问题。塑料污染更是一个全球性的问题，每年约有 1000 万吨塑料废物进入海洋，这些塑料逐渐分解为微塑料，广泛分布于海洋环境中，影响海洋生物的健康和生态系统的稳定（Werner, 2018）。其次，气候变化对海湾生态系统的影响日益显著。海平面上升不仅导致沿海地区的土地被淹没，还引发了海水侵蚀和盐度变化，从而对沿海生态系统造成破坏。最后，海水酸化对海洋生物特别是珊瑚礁和贝类等钙质生物构成了严重威胁。这些生物的钙质结构在酸化环境中难以形成，导致其生存和繁殖受到影响，从而破坏了海洋食物链。

在治理层面，跨界治理的复杂性是海湾环境治理的最大挑战之一。海湾区域往往涉及多个国家和地区的利益，因此政策制定和执行的协调成为难题。各国在环保政策上的差异以及利益冲突常常导致治理效率低下（Vince, Hardesty, 2017）。例如，美国的坦帕湾通过多方合作和资金支持，成功实施了多项环境恢复项目，如《清洁水法》，显著改善了水质和生态系统健康（Tomasko et al., 2005）。中国的象山港在整合地方与国家层面政策方面虽然取得了一定进展，Zhu, Li, 2012）然而，这两个地方的海湾治理仍面临资源分配不均和政策协调不足的问题。此外，治理网络的复杂性也带来了实施和监督的挑战。在许多情况下，地方政府和国家政府的环保政策和措施缺乏有效的协调，导致资源浪费和治理效果不佳（Jacinto et al., 2006）。例如，在马尼拉湾地区，尽管菲律宾政府实施了多项生态恢复措施，如马尼拉湾环境管理项目（Manila Bay Environmental Management Project），但由于地方政府之间的利益冲突和资源分配问题，治理效果仍然不尽如人意。马尼拉湾面临着严重的污染问题，主要来源于工业废水、生活污水和农业径流。然而，由于地方政府和国家政府在治理策略上的差异，导致资源分配不均，治理措施无法全面有效地实施（Jacinto et al., 2006）。地方政府往往缺乏足够的资源和技术能力来执行国家层面的政策，而国家政府则因地方利益的复杂性难以统一协调各方行动。这种治理网络的复杂性不仅造成了资源的浪费，还导致了环境恢复工作的低效。

总结来说，全球海湾区域的环境治理面临着海水污染、塑料废物堆积、气候变化等多重挑战，而跨界治理的复杂性进一步加剧了这些问题。有效的治理策略需要各国政府、国际组织和地方社区的共同努力，通过协调政策、合理分配资源和加强跨国合作，才能实现海湾生态系统的可持续发展。

第二节　海湾环境治理相关研究领域的文献综述

通过对国内外相关研究成果的梳理，与本书有关的研究成果主要可以分为海湾环境治理网络的类型与分析维度、海湾环境治理绩效评价、海湾环境治理绩效的影响机制和海湾环境治理的制度研究等四个方面进行综述。

一、海湾环境治理网络的类型与分析维度

在环境治理网络分类上，国内外学术界比较有影响的主要有以下几种：一是从参与者的身份出发，将治理网络分成部门间治理、跨部门治理、草根治理类型（Diaz-Kope，Luisa and Katrina Miller-Stevens，2014）；二是从参与的组织和合作的频率出发分为：间歇性协调、临时任务小组、永久或常规的合作、联盟和网络结构五类（Mandell，Myrna，Toddi Steelman，2003）；三是美国水资源保护中心从主导合作者的身份出发，将环境治理网络分为政府主导合作伙伴、公民主导合作伙伴、混合合作伙伴（Center for Watershed Protection，1998）。与西方国家不同，中国学者在治理网络研究中更强调国家的作用，认为治理网络存在纵向上的逆向责任机制、横向上的政府间共同监管的合作关系（李瑞昌，2008；王惠娜，2012）。并且民间组织等利益团体已从国家中分离出来，并以新的方式建立联结，通过相互交换界定相互关系，形成新的集体行动方式（王琪，刘芳，2006；郁建兴，吴宇，2003；朱春奎，沈萍，2010）。

关于海湾环境治理网络的分析维度和影响因素，国内外学者基本上采用社会网络或政策网络分析维度和影响因素的一般理论来研究。国外有众多学者在这一领域做出过贡献（Atkinson，Coleman，1989；Jordan，Schubert，1992；Marsh，Rhodes，1992；Van. Waarden，1992）。目前，在环境治理网络研究中运用最多的是范·沃德用行动者的数量

与类型、网络的功能、结构、制度化、行为规则、权力关系、行动者策略等 7 个变量来表征治理网络（Van. Waarden，1992）。另外，科尔曼的封闭性和开放性网络结构（James S.Coleman，1988）、伯特的结构洞（Ronald S.Burt，2000）等也是常用治理网络分析维度。而近年来逐渐兴盛的第三代政策网络则能定量化地表征网络的行动者、中心度、开放性和封闭性、中心和边缘、松散和紧密等特征，对明晰网络运用的影响因素具有重要的意义（Dassen，Adrie，2010；Wasserman S，Faust K，1994；刘军，2009）。近年来国内社会治理网络的分析维度研究也有不少积累。有直接借鉴国外学者提出的分析维度进行研究的（毛丹，2015；吕光洙，姜华，2015；谭羚雁，娄成武，2012），也有提出具有本土化特色的"腾挪转移"塑造的"政策场域"（李松林，2015；鲁先锋，2013；陈那波，卢施羽，2013）、政策权力主体地位及话语、政策对象的政策响应、公众利益认知及行为等（冯贵霞，2014；周恩毅，胡金荣，2014）。

海湾环境治理网络的类型和分析维度研究有助于我们理解海湾环境治理的特点，但"政府"并不是铁板一块，"社会"更不是。这就需要在不同的政治、行政体制和"国家-社会"关系的背景下，通过分析不同国家和地区具体的海湾环境治理网络来考察这两个领域内的行动者是如何联结在一起并相互作用的，从而抽象出恰当的海湾环境治理网络类型，进而分析治理网络对海湾环境治理绩效的影响机制。

二、海湾环境治理绩效评价

近几年来，国内关于海湾环境治理绩效评价研究成果比较丰富。从研究内容上看，既有总体性的海湾环境治理或政策绩效评价（陈莉莉，王勇，2011；郑奕，2014；罗奕君，陈璇，2016；高尔丁，2016），又有单个或单方面的海湾环境政策绩效评价（罗鹏，2010；孙永坤，2013；于春艳等，2016）。总体性海湾环境治理绩效评价研究和单个或单方面的海湾环境政策绩效评价基本都是指标选取、权重赋予的定量化研究，但在指标的选取上多有不同。综合来看，总体性海湾环境治理绩效评价研究指标主要来自以下几大类：生态环境绩效和社会经济绩效（罗奕君、陈璇，2016）；生态环境效果、经济效果、社会效果（周莹，2014）；管理、经济、社会和生态环境（罗鹏，2010），海洋资源、海洋环境、海洋经济、海洋文化、海洋制度（孙倩、于大涛、鞠茂伟，2017）。单个或单方面的海湾环境政策根据不同的政策目标，选取的指标则比较具体。如海水环境状况、污染控制成效及公众参与（于春艳，洛昊，鲍晨光，2016）；生物完整性指标（孙永坤，2013）。从上述指标选取来看，总体性的海湾环境治理或政策绩效评价指标选取主要集中在环境、经济、社会和文化制度等方面，然后再在此基础上选取测量指标，指标体系比较庞大且操作难度较大，对指标的适宜性、权重、测量、计算方法较难达成共识以进行推广使用；相对而言，单个海湾环境政策的绩效评价，根据具体的政策目标，指标选取比较具体明确，可操作性也相对强。从研究方法上看，目前国内的海湾环境治理绩效评价主要运用模糊综合评价法（于谨凯、杨志坤，2012）；相关性分析（吴玮林，2017）；数据包络分析方法（郑奕，2014）；也有各种方法的综合运用，如（罗鹏，2010）综合层次分析法、模糊综合评价法和成功度评估方法来评估渔民转产转业政策绩效。

国外有关海湾环境治理绩效评价的研究丰富，且比较深入。与国内的研究类似，有许多学者致力于设计一系列监测指标来评价海湾环境治理绩效（Barrett, Buxton, Edgar 2009; Day 2008）。同时，另一部分学者则在讨论这些指标是否与实现海湾环境治理目标紧密关联（Pomeroy, Parks, Watson 2004）、是否反映相关者的利益和价值（Warhurst 2002）、是否符合实践性标准（Margoluis, Salafsky 1998）。因此，学者们比较倾向于认为，海湾环境治理评价需要有包含环境、社会、经济和社区等方面内容的综合指标体系（Himes, 2005; Mcglade

J M, Price A R G., 1993）。海湾环境治理绩效评价必须要体现人类与自然资源联系的复杂性，构建多学科的综合指标模型（Hastings, et al., 2015; Ruiz-Frau, et al., 2015; Fox, et al., 2012）。如 Pollnac R 等（2010）运用生态统计数据和社会、制度、组织的实地调研数据选取指标，提出了综合社会与生态的多变量统计模型。这一模型不再是各类指标的分列，而且将各类指标整合在一个统计模型中以反映人类与自然资源联系的复杂性。

从国内外海湾环境治理政策绩效评估研究来看，根据不同的政策属性采用不同的绩效评估方法，以及将各项指标整合进一个绩效评估模式是两个比较明显的发展趋势。但是，在考察政策网络与海湾环境治理政策绩效之间的关系时，还需要在绩效指标设计中体现网络中的关键行动者、行为规则、关系基础等各类政府、民间组织间所形成的合作治理因素的影响。

三、海湾环境治理绩效的影响机制

近十几年，国内学者似乎达成共识，海湾环境治理绩效提升的路径在于从"管理"向"治理"模式的转变。首先，在海湾环境治理绩效影响机制的研究上出现了一大批讨论政府、企业、公众的定位（宁凌等，2017）、NGO 政策参与（杨振姣等，2016）、跨部门和跨区域（戴瑛，2014）的整体性治理（张江海，2016；王印红等，2017）或多中心治理（刘桂春等，2012）的成果。一些学者探究了影响海湾环境治理绩效的内在机制，如利益机制（全永波等，2017）、跨制度合作机制（李良才，2012）和府际治理协调机制（陈莉莉等，2012）。另一些学者讨论了政策工具（许阳，2017）、政策选择模式（王琪，何广顺，2004）、政府体制内的横向协调机制（Chen L L, Wang Y 2011）对海湾环境治理绩效的影响。其次，也有一部分学者着力于分析国外海湾环境治理的特征以及治理绩效的影响机制。如以澳大利亚墨累—达令流域海湾环境治理的信任机制、学习机制、协调机制（范仓海，周丽菁，2015）、比较中澳海洋环境陆源污染治理的政策执行（张继平等，2013）、欧洲水协会（EWA）建立水污染控制网络实践（郑晓梅，2001），来寻找有助于中国海湾环境治理的运作机制。最后，国内环境治理绩效的研究也为海湾环境治理绩效研究提供了一些值得借鉴的研究成果（朱春奎，沈萍，2010；马捷，锁利铭，2010；刘钢等，2015）。

国外关于海湾环境治理绩效影响机制的研究主要有以下几大类：一是提出海湾环境治理绩效的影响因素。如有学者提出制度安排、治理结构、科学技术研究与使用以及社会团体的支持（Shaw J., 2014）；制度相互作用（Institutional interplay），即一个制度影响另一个制度的能力（Catarina Grilo, 2011）；透明度（A Gupta, 2011）等影响因素。二是动态、调适机制。主要是将正式和非正式制度、国家和非国家层面的行动者、自然环境中多层面相互作用关系以及相关的官僚层级、市场形成政策网络，从而使得海湾环境治理具有动态、调适的能力（Pahl-Wostl C., 2009；Vignola R，McDaniels T L, Scholz R W, 2013）。如 JV Leeuwen（2010）指出，环境治理网络是政策绩效、政治过程和政治组织安排三者之间的相互作用。三是市场化运作机制。政策网络也被用来分析环境治理过程中产业监管者、水公司和政府部门和水服务消费者之间的关系，寻找市场化成功或失败的原因（Cashore B，2002；Bakker K，2005、2010）。四是知识、信息流动和信任机制。这一进路的研究者着力于研究政策网络对知识、信息在海湾环境治理中的流动的影响，以及提升合作者之间信任的路径（Lubell，Mark，et al，2002；Scholz J T，et al，2008；Berardo R，Scholz J T，2010）。

从上述研究成果的发展动态来看，学者不仅从各个方面归纳了海湾环境治理绩效的影响机制，而且融合各类机制，从海湾环境治理各方行动者之间的互动、合作过程中去寻找影响海湾环境治理绩效更本质的机制。因此，本书将以具体的海湾环境治理网络为载体，考察治理网络内行动者互动、合作所产生的影响治理绩效的机制。

四、海湾环境治理的制度设计

国内有关海湾环境治理的制度设计更多着眼于政府间制度安排。这主要是因为我国政府在海湾环境治理中发挥着核心作用。海湾环境在整体性治理上有着很高的要求。因此，许多学者致力于海洋环境治理的府际协调与合作（秦磊，2016；全永波，2012；陈莉莉等，2011）。有学者提出建立海洋公共物品与服务供给的多中心多层次制度（戴瑛，2014）、"多主体联合、多区域参与、多手段管理、高协调度"集成管理模式（杨锐，2016）、"区域海"的概念确定海洋跨区域治理的制度框架（全永波，2017）。除政府间制度安排之外，也有部分学者从海洋生态安全的视角，探索形成主体多元、手段多样、海陆统筹、多方协调配合的现代化海洋生态安全治理体系（杨振姣等，2014；杨振东等，2016）。值得一提的是，有学者从分析政府行为（缔结关系契约）来研究制度设计的改进（陈瑞莲、秦磊，2016）。

近几年来，国外在海洋环境治理制度建设研究方面取得了大量研究成果。Yoshifumi Tanaka（2004）指出分割式管理制度和综合治理制度截然不同的性质影响着国家和国际社会的行动，认为二者的共存和合作是今后海洋制度建设的核心所在。Nina Maier（2013）探讨了欧盟海洋治理相关制度的构造和运行特征。Lawrence Juda（2003，2010）分析了欧盟、美国、加拿大和澳大利亚在国家层面的海洋综合治理制度建设。Tiffany C. Smythe（2017）以新英格兰海洋规划框架为例，探讨了空间规划对海洋治理的作用。Glen Wright（2015）以新兴海洋可持续能源工业为例，探讨了工业化海洋的治理问题。Sung Gwi Kim（2012）以韩国为例探讨了海洋环境治理的多中心趋势。

由此可见，国内外海湾环境治理制度建设的研究形成了多个学科、多个理论视角共同参与的局面。本书从治理网络视角出发考察海湾环境治理绩效的影响机制，以如何保障治理网络良好的运作机制，提升海湾环境治理绩效出发来进行制度设计。

综上所述，就目前来看，国内学者对我国海湾环境治理的发展基本上有统一的方向性认识，即多主体参与的整体性治理。与此同时，国外学者在治理网络视角研究海洋环境治理过程和结果上也越来越深入。但是目前还缺乏基于比较分析基础上的不同类型治理网络对海湾环境治理绩效的内在运作机制剖析。比如中美由于政治、行政体制和"国家-社会"关系的不同，在海湾环境治理中所采取的治理模式也截然不同。中国往往采用"最严格水资源管理"模式，而美国则大多是"水资源合作伙伴"模式。这两种差异巨大的海湾环境治理模式在治理网络及其运作过程、结果中到底存在什么样的差异，有无共同点，各自有着什么样的优劣势和纠偏机制。这些问题都需要一定的理论框架下，把相同或不同类型的海湾环境协作治理网络掰开来，细细地对照、检视，分析同构/异构海湾环境协作治理网络所具有的运作过程和结构性特征；有哪些定量、定性的因素决定海湾环境治理网络，这些因素又是如何影响海湾环境治理的参与者选择行动舞台、合作伙伴，以及交往互动，从而影响海湾环境治理政策的绩效。这些问题对正在努力提升海湾环境治理绩效的中国乃至其他国家来说都是极有意义的。

第三节　理论基础与研究框架

在公共管理和政策领域，治理模式正在经历从传统的政府主导模式向更加灵活和多元的治理形式的转变。这种转变尤其体现在协作治理（Collaborative Governance，CG）和网络治理（Network Governance，NG）两个概念的兴起与发展中。网络治理侧重于利用网络结构中的多种连接形式——如信息流、资源共享和联合行动——来实现政策目标，其理论基础主要来源于社会网络分析，这一分析框架揭示了不同组织单元如何通过直接或间接的联系影响彼此的行为和决策（Provan, Kenis, 2008）。而协作治理更强调多方利益相关者间的协商、合作与共同决策过程，认为通过建立广泛的参与基础和合作机制，可以提高政策制定的效率和适应性，增强公众的接受度（Ansell, Gash, 2008）。

对于现代治理实践，尤其是在面对跨部门、跨领域的复杂社会问题时，网络治理和协作治理作为两种互补的研究路径，展示了各自独特的治理视角。通过整合网络治理的结构优势和协作治理的过程优势，可以显著提高治理的适应性和包容性。例如，网络治理中的多节点连接提供了强大的资源动员能力和快速的信息传递机制，这有助于提升决策的迅速性；而协作治理中的共识形成过程则确保资源和信息的有效及公平利用，增强决策的民主性和公众参与度（Ostrom, 1990；Folke et al., 2005）。网络治理和协作治理虽然在概念和重点上有所不同，但在实践中常常交织在一起。网络提供了实现协作的平台和机制，而协作治理则为网络中的行动者提供了合作解决问题的动机和目标。这两种治理方式都强调了横向而非纵向的互动模式，促进了跨界和跨部门的合作，为解决复杂的公共问题提供了更为灵活和创新的解决方案。因此，综合运用这两种次理模式，不仅可以提升治理结构的效率，还能增强政策制定的包容性和透明度，有效应对海湾环境治理的复杂挑战。

一、网络治理的理论基础

网络治理（Network Governance, NG）是一种理论框架，主要用于描述不同行动者如何在没有中央控制机构的情况下通过网络结构进行互动和合作。这种治理模式强调的是多个独立主体之间的相互作用和协调，这些主体可以是政府部门、非政府组织、私营企业及其他利益相关者。它作为一种现代治理模式，越来越受到学术界和实践领域的关注。其理论基础主要来源于社会网络理论，该理论框架提供了一套系统的工具和方法，用于分析和解释在复杂网络中多样化行为体之间的相互作用及其对治理结构和政策实施的影响。社会网络理论的核心在于它提供了一个视角，看待组织间关系的动态性和网络结构的形成方式。这种理论认为，网络中的每个节点（可以是个人、组织或部门），通过各种类型的关系（如合作、竞争、信息交换等）相互连接。这些连接构成了网络的基础架构，影响着资源的流动、信息的传播以及集体行动的效能（Borgatti, Everett, Johnson, 2013）。例如，研究表明，组织间密切的信息交流和资源共享可以显著提高政策响应的速度和质量（Provan, Kenis, 2008）。网络治理的理论进展还强调了网络配置的重要性，包括网络的密度、中心性和结构洞。密集的网络有助于迅速集中资源和信息，而结构洞则提供了连接不同社交圈的桥梁，促进了创新和多样性的信息流动（Burt, 1992）。通过优化这些网络结构属性，可以增强网络的整体功能性和治理效率。

网络治理理论的结构优势主要体现在其能够充分利用复杂的网络联系来增强决策和执行的效率。首先，网络治理通过强化网络中的核心节点和有效的链接，可以优化决策流程和资源配置。核心节点通常拥有较多资源和信息，能够在网络中发挥领导和协调作用，而有效的网络链接则确保了这些资源和信息能够在需要时被迅速动员和合理分配（Provan, Milward, 1995）。其次，网络治理促进了跨界合作，使得来自不同领域的组织可以共同参与解决复杂的公共问题。这种跨界的合作不仅增强了解决方案的创新性和包容性，也提高了政策实施的适应性和有效性。例如，环境治理中的跨国水资源管理问题，就经常需要多个国家和区域之间的协调和合作（Sørensen, Torfing, 2009）。

实际应用中，网络治理的结构优势体现在其能够整合多领域资源来应对广泛的公共管理和政策挑战。在环境管理、城市规划和公共卫生等领域的应用显示，通过有效的网络配置，可以提升跨部门和跨界别的协作效率，实现更为广泛的利益相关者参与和更加灵活的响应机制（O'Toole, 1997；Provan, Milward, 2001）。此外，网络治理还强调利用技术平台和数字工具来支持网络的运作，这在增强网络透明度和参与度、以及在危机响应和灾难管理中协调复杂行动时尤为重要（Comfort et al., 2010; Kapucu, Garayev, 2017）。

综上所述，网络治理的理论基础不仅反映了组织之间关系的复杂性，而且提供了一种有效管理这些关系以提升治理成效的方法论。通过深入理解和应用网络治理的理论，公共管理者可以设计更为高效的治理结构，以应对日益复杂的全球性挑战。这种理论的应用不仅限于政策制定和公共服务的提供，还扩展到了企业管理和国际合作等更广泛的领域，表明了网络治理理论的广泛适用性和深远影响。

二、协作治理的理论基础

协作治理（Collaborative Governance, CG）是指不同利益相关者之间为解决公共问题和增强公共服务而进行的合作。这种治理形式涉及广泛的协商、合作与共同决策，目的是通过集体行动实现更加有效的资源管理和政策执行。作为公共管理领域的一种重要治理模式，突出了多方利益相关者在解决社会复杂问题中的合作机制。CG 的核心原则和治理过程强调共识构建、共同决策、资源和信息的共享，旨在通过包容性的参与过程提高政策制定和实施的效率与效果。

协作治理理论最初由学者如 Ansell 和 Gash（2008）等提出，并在他们的研究中得到了详细阐述。该理论基于几个核心原则：开放性、互信、共识建立和权力共享。开放性强调治理过程中的透明度和多方参与，这有助于增强治理活动的公正性和可接受性。互信是合作伙伴之间建立有效协作关系的基础，而共识建立则是通过对话和协商在参与者之间形成共同的治理目标和策略。权力共享则涉及在决策过程中各方的权力和责任的均等分配，确保所有利益相关者都能在决策过程中有所作为（O'Leary, 1997; Emerson, Nabatchi, Balogh, 2012）。

协作治理的治理过程涵盖了从问题识别、目标设定、资源整合到政策实施和评估的全过程。在这一过程中，合作机制如工作组、联合委员会和伙伴关系的建立是关键步骤，它们为不同背景和利益的行为体提供了一个共同讨论和解决问题的平台。协作治理在促进各方面参与者之间的共识和共同决策方面发挥了至关重要的作用。通过定期的会议、研讨会以及其他形式的互动交流，协作治理鼓励各参与方公开交换信息，讨论各自的需求和期望，并在此基础上探索可行的解决方案。这种过程中的对话和协商有助于打破部门间的壁垒，促进不同背景和资源的行为体之间的理解和信任建立，从而形成广泛认可的决策和行动方案（Ansell, Gash, 2008）。此外，CG通过建立正式和非正式的沟通渠道，使得政策制定过程更加民主化和透明化，提高了政策的公众接受度和执行的合法性。

协作治理的实际应用示例广泛分布于环境保护、城市发展、公共卫生等多个领域。在环境管理领域，通过跨界水资源管理等合作项目，多个国家和地区的政府、非政府组织以及私营部门联合起来，共同制定和执行环境保护政策，有效应对全球气候变化的挑战（Ansell, Gash, 2008）。在城市发展方面，城市规划部门通过与市民团体、商业组织和其他政府机构的合作，共同制定可持续发展的城市规划方案，这不仅提升了规划的全面性和前瞻性，也增强了社区成员对城市发展计划的归属感和满意度（Innes, Booher, 2010）。

综上所述，协作治理的理论和实践为解决复杂的公共问题提供了有效的治理机制，通过强调多方参与和合作，它帮助建立了一个更为包容和动态的治理环境。未来的挑战将是如何进一步优化协作网络的结构和功能，确保合作的持续性和效果，以及如何评估和提升协作治理的整体表现。

三、治理网络模式

治理网络模式是指在解决公共事务和复杂社会问题时，多个组织和利益相关者通过特定的结构和管理方式进行合作与协调的框架。这些模式为公共政策的实施和管理提供了不同的路径，尤其在现代社会中，各类环境治理、公共卫生和城市发展等领域都呈现出复杂性和多样性。理解治理网络模式的分类及其特性有助于我们识别不同网络在资源整合、信息流动和决策制定中的优势和挑战。本书将通过分析不同的治理网络模式及其有效性，探讨如何通过优化网络结构和管理策略来提高公共治理的效率和效果，并提供一个分析框架以指导治理网络的设计和实施。

治理网络模式是组织管理和政策实施中的重要概念，用以描述在复杂社会问题中，多个组织和利益相关者通过协调和合作实现共同目标的结构和机制。Provan 和 Kenis（2008）提出的治理网络模式框架为理解这些网络提供了重要的视角，强调了不同模式在结构、管理和效果方面的差异和适应。治理网络（Governance Networks）是由多个自主组织组成的结构，这些组织通过正式或非正式的关系进行互动，以实现超越单个组织能力的公共目标。这种网络在应对复杂社会问题中具有独特优势，因为其通过整合多方资源和能力，提高了解决问题的效率和有效性。近年来，随着公共事务和公共服务日益复杂化，治理网络的研究变得愈发重要。

根据 Provan 和 Kenis（2008）的理论，治理网络模式主要分为三类：共享型治理网络（Participant-Governed Networks）、领导型治理网络（Lead Organization-Governed Networks）和行政型治理网络（Network Administrative Organization, NAO）治理网络。在共享型网络治理中，网络成员共同负责治理决策，不存在单独的治理实体。这种模式的优点是所有参与者都有直接的影响力和参与度，适合用于小规模、高信任度的网络。例如，一些社区组织和地方政府的合作项目通常采用这种模式。然而，这种模式在网络规模扩大和复杂性增加时可能面临效率低下的挑战。领导型治理网络是指一个组织承担领导角色，负责协调和管理整个网络。这种模式通常出现在一个组织具有显著的资源优势或在纵向（如供应链）关系中具有重要地位时。例如，大型非政府组织在国际援助项目中通常作为主导者。这种模式的优点是能够快速做出决策并有效分配资源，但可能导致权力过于集中，限制其他参与者的创新和灵活性。行政型治理网络涉及专门设立的实体来管理和协调网络活动。NAO 模式适合于大型、复杂的网络，能够提供稳定的治理结构和统一的管理框架。例如，在公共卫生危机管理中，NAO 可以协调各级政府和非政府组织的反应。这种模式的挑战在于需要额外的资源来维持治理结构，并可能面临灵活性不足的问题。

治理网络的有效性取决于多种因素，包括信任、参与者数量、目标一致性和网络能力。信任是治理网络成功的关键因素之一。在高信任度环境中，参与者更容易合作和分享信息，从而提高网络的效率和效果。不同的网络模式对信任的需求不同，参与者治理网络对高信任度的需求最高，而 NAO 则可以在较低信任度环境中运作。参与者数量影响治理网络的复杂性和管理成本。小规模网络适合于参与者治理模式，而大规模网络则需要主导组织或 NAO 来管理复杂性和协调需求。目标一致性影响网络的协同效果和资源整合能力。在目标高度一致的网络中，治理效率和决策质量往往较高。参与者治理模式在高一致性环境中运作良好，而 NAO 则可以在目标多样化的环境中提供协调支持。网络能力指网络在外部压力和变化中维持和发展合作的能力。NAO 模式通常具备较高的网络能力，能够通过专门管理机制应对复杂问题和不确定性。

每种治理网络模式都面临特定的挑战，包括效率与包容性、合法性与灵活性之间的张力。治理网络需要在行政效率和参与者包容性之间取得平衡。参与者治理网络通常较为包容，但可能在效率上有所欠缺，而主导组织模式则可能倾向于提高效率，但可能削弱参与者的包容性和多样性。治理网络必须在内部和外部合法性之间进行权衡。

NAO 模式通过正式结构增强合法性，但可能降低灵活性，而参与者治理模式则提供了较高的灵活性，但可能在合法性上面临挑战。

治理网络模式在不同领域的应用越来越广泛，如公共卫生、环境管理和国际发展等。未来研究可以关注以下几个方面：动态演化，研究网络治理模式如何随着外部环境变化而演化，特别是在快速变化和不确定的环境中；跨文化比较，不同文化背景下的治理网络可能表现出不同的特点和有效性；技术对治理网络的影响，探讨信息技术和大数据如何改变治理网络的运作和效率。通过深入研究治理网络模式，我们可以更好地理解如何设计和管理复杂组织，以应对当代社会的重大挑战。

四、治理网络模式有效性及其影响因素

Provan 等学者在其文章中选取四种变量，并预测了在哪种程度上可能导致每种治理模式的有效性（见表 1.1）。并且，他们将这些网络中的变量与网络治理模式、有效性联系起来，他们认为一种治理形式的选择将基于网络中这四种变量的实际运行情况。下面将详细介绍这四种变量。

表 1.1　网络治理模式有效性的关键变量预测

网络治理模式	信任	参与者规模	目标共识	网络管理能力
共享型网络治理模式	高	少	高	低
领导型网络治理模式	低	中	中等偏低	中
行政型网络治理模式	中	中到多	中等偏高	高

资料来源：Provan 和 Kenis（2008）

1. 信任

Provan 和 Kenis 确定的第一个变量是信任。信任的重要性在网络文献和公共管理文献中都有较多的研究。信任，即对意图和能力的积极期望，已被发现以多种方式对网络运作至关重要。信任是基于声誉

和过去的互动经验。正如 Graddy 和 Ferris 所讨论的那样，伙伴关系本质上是有风险的，因为相互依赖本身就有一定的脆弱性，因此，一些风险可以通过与被视为值得信赖的组织合作来减轻。Edelenbos 和 Klijn 对公私伙伴关系的调查结果证明了信任的价值。在对 200 多名从业者的调查中，近 87% 的人认为信任是成功的最重要条件。此外，Muthusamy and White 发现，信任对成员之间的知识转移有积极的影响。其他将信任与网络有效性联系起来的学者包括 Powell（1990），Larson（1992），Uzzi（1997），Lundin（2007），以及 Daly 和 Chrispeels（2008）。

虽然关于信任的研究有很多，但 Provan 和 Kenis 认为，在网络层面，信任并不经常研究。为了完全理解信任，它在整个网络中的分布是至关重要的，它不仅可以是一个网络中的概念，而且网络治理必须与整个网络中发生的一般信任级别相一致，并且不同程度的信任将会影响不同治理模式的有效性。

2. 参与者规模

与信任相比，参与者规模（网络规模）在文献中研究的较少，这可能是因为网络通过协调和控制来解决一些问题上具有一定的优势。当成员加入一个网络时，潜在关系的数量呈指数型增长，因此，网络治理变得越来越复杂。随着网络在地理上变得更加分散，复杂性也会增加，这使得频繁的面对面互动变得困难。随着网络的发展，共享治理可能会变得更加低效。因此，Provan 和 Kenis 认为需要转向更集中的方法，这就需要一个 NAO 或 NLO 网络治理模式。

3. 目标共识

目标共识也在公共管理和网络文献中被广泛地讨论。O'Toole 认为共同利益是合作的有力促进者，目标共识也得到了更广泛的讨论。经验证据也证实了目标共识的重要性。例如，Levine 和 White 证明，关于目标的协议是组织间关系的一个重要方面。同样，Schmidt 和

Kochan 发现了与目标和合作的可比性的相关性。最后，Lundin 发现目标共识是影响组织间合作的一个重要因素。

根据 Provan 和 Kenis 的理论，目标共识与网络治理模式有效性相关。具体来说，当网络成员对网络目标达成了高度共识时，共享治理很可能是有效的。在这种情况下，成员组织可以在没有冲突的情况下一起工作，同时为网络目标和个人目标做出贡献。当成员解决冲突的能力较弱，并且仅部分致力于网络目标时，NLO 和 NAO 模式预计会更有效。此外，当网络参与者具有中等偏低的目标共识时，领导型网络治理模式可能出现，而当目标共识中等偏高时，行政型网络治理模式可能出现。

4. 网络管理能力

Provan 和 Kenis 确定的最后一个变量是网络管理能力（Need for Network-Level Competencies，NNLC）。这种偶然性建立在加入或形成网络的推理基础上。文献记录了形成或加入网络的各种原因，包括获得合法性、更有效地为客户服务、吸引资源、减少裁员和解决复杂的社会问题。Provan 和 Kenis 认为，网络层面的能力与网络治理模式有关，因为不同的网络治理模式将有不同类型的网络参与者。他们还指出网络管理能力与网络成员内部执行的任务的性质和对网络的外部需求有关。

五、分析框架

本书采用的分析框架以网络结构分析和网络治理模式为核心，深入探讨这些因素如何共同影响海湾环境治理的有效性。该框架强调了网络结构特征和治理模式之间的互动及其对环境治理成果的决定性作用（见图 1.1）。

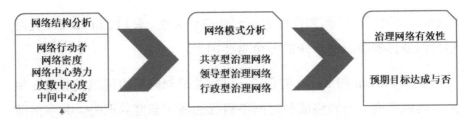

图 1.1　环境治理网络影响机制分析框架图

1. 网络结构分析的角度

网络结构分析着重于理解治理网络中的行动者构成、网络中心势、网络密度以及中心度（包括度数中心度和中间中心度）。这一分析帮助揭示网络中资源和信息流动的效率，以及关键行动者在网络中的影响力。

（1）行动者构成

行动者的多样性反映了网络能够集聚多大范围内的资源和知识，多元化的行动者组成有助于增加网络对不同环境问题的响应能力。

（2）网络中心势和密度

高中心势可能表明网络中有一个或几个行动者占主导地位，这可能增加决策效率，但也可能降低网络的灵活性。网络密度高意味着行动者之间有较多的连接，这通常能够促进信息和资源的快速流动，增强网络的整体协作效率。

（3）中心度

度数中心度高的行动者在网络中有更多的直接联系，其影响力和资源调配能力较强；中间中心度高的行动者则在网络中扮演桥梁角色，对信息流动和协调具有关键作用。

2. 网络治理模式的影响

网络治理模式是决定网络治理效果的另一个关键因素，不同的治理模式影响着决策的方式和资源的配置。本框架中识别的三种主要模式。

共享型治理网络。此模式下，决策权广泛分散于网络中的多个行动者，侧重于共识和合作，适合于需要广泛协商和资源共享的环境治理场景。

领导型治理网络。在这种模式下，一个或几个主导行动者掌握决策权，可以迅速调动资源和应对紧急情况，但可能牺牲一些行动者的参与感和网络的适应性。

行政型治理网络。传统的、由政府主导的网络，具有明确的层级结构，适合实施规模大、需要高度组织的环境政策。

从总体上看，网络结构和治理模式的交互作用对环境治理的成效有直接影响。例如，一个具有高度中心势和密度的网络如果采用领导型治理模式，可能在快速决策和资源集中方面表现出色，但在适应性和创新方面可能表现不足。相反，结构分散且行动者多元的网络如果采用共享型治理模式，可能更能促进创新和适应不断变化的环境需求。

通过上述分析框架，我们可以更系统地理解和评估不同网络结构和治理模式如何共同作用于海湾环境治理的有效性，从而为政策制定和实践操作提供科学的指导和建议。这种综合的分析框架不仅适用于海湾环境治理，也对其他类型的环境和资源管理活动提供了重要的借鉴和启示。

第四节　研究方法

本书选择坦帕湾和象山港作为研究对象，主要基于以下几个原因：两者在环境治理中具有代表性，分别展示了发达国家和发展中国家在海湾环境治理中的不同策略和挑战。此外，这两个地区都面临着类似的环境问题，如污染、城市化压力和气候变化影响，因此比较研

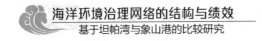

究可以提供有价值的洞见。

坦帕湾是美国佛罗里达州的一个重要海湾，其环境治理经验丰富。自20世纪70年代以来，坦帕湾经历了显著的环境退化，主要由于工业排放、农业径流和城市污水的污染。然而，通过一系列环境恢复项目和严格的环境法规，如《清洁水法》，坦帕湾成功地改善了水质和生态系统健康（Tomasko et al., 2005）。坦帕湾的治理经验展示了多方参与和资金支持在环境恢复中的关键作用，包括地方政府、联邦政府、非政府组织和公众的共同努力。这种治理模式和经验对全球其他地区具有重要的借鉴意义。

象山港位于中国浙江省，是一个典型的发展中国家海湾地区。长期以来，象山港面临着工业污染、海洋富营养化和生物入侵等环境问题。近年来，当地政府在生态恢复方面进行了诸多努力，通过建设人工鱼礁、推广生态旅游等措施，试图恢复和改善受损的生态系统（Zhu, Li, 2012）。这些措施在一定程度上取得了成功，体现了中国政府主导下的海湾治理模式的积极成效。象山港的治理模式以政府主导为核心，结合了地方政府和中央政府的协同努力。地方政府在实施具体的生态恢复项目方面发挥了重要作用，如推动环保基础设施建设和开展生态修复工程。中央政府则通过政策支持和资金投入，为地方治理提供了强有力的保障。象山港的经验表明，政府在环境治理中的主导作用至关重要，但同样需要加强多方协作和资源整合，以提升治理效果。

总结来说，坦帕湾和象山港的研究不仅展示了不同国家在环境治理中的独特策略和成效，还揭示了不同海湾环境协作治理网络的运作过程和结构性特征，以及各自环境治理过程和政策绩效的差异。为了深入理解这些复杂问题，本书将采用多种研究方法，包括案例研究、比较分析、文献综述、实地调查、专家访谈、数据分析和政策评估。

一、案例研究法

本书在海湾环境治理网络模式和绩效测度体系的理论指导下进行的结构式案例研究。同时也考虑了研究区域中海湾环境治理的实践因素。在理论指导下选取案例的分布如表 1.2 所示。

表 1.2　案例分布

理论分类		案例分布
治理网络类型	领导型网络	象山港入海污染物总量控制、岸滩整治修复象山港蓝色海湾整治领导小组
	共享型网络	改善水质项目、栖息地修复和保护
	行政型网络	坦帕湾河口计划政策制定
治理问题属性	综合性	坦帕湾河口计划政策制定、象山港蓝色海湾整治领导小组
	单个	象山港入海污染物总量控制、岸滩整治修复改善水质项目、栖息地修复和保护
研究区域	坦帕湾	坦坦帕湾河口计划政策制定、改善水质项目、栖息地修复和保护
	象山港	象山港入海污染物总量控制、岸滩整治修复象山港蓝色海湾整治领导小组

由表 1.2 可见，研究案例是依据治理网络的类型、治理问题属性和研究区域的分类来选取的。之所以这样选取主要是因为海湾环境治理网络的复杂性，不同类型、属性和区域的治理网络绩效及其影响机制是有很大差异的，不能统而论之。同时，也为了不同类型海湾环境治理网络之间的比较分析，来比较全面地揭示治理网络对海湾环境治理绩效的影响机制。对于坦帕湾和象山港两个研究区域没有采取一一对应的案例选择方式，主要是因为两个区域由于湾区地理特征、人文经济、历史因素等不同，所采取的海湾环境治理问题和政策不同，即便偶有相同，其着力点也不同。基于此，为了充分展现两个研究区域治理网络对海湾环境治理的影响机制,本研究选取案例时主要考虑在既定的理论框架下，该项治理工作是否充分展开，治理网络是否充分发育。

对上述两个研究区域的 6 个案例采用深度案例研究法。案例数据资料的收集包括文件、报纸、网络资料、问卷调研，也包括电话访谈、实地访谈等深入调研手段。首先对每一个海湾环境治理网络的网络参数、影响机制和治理绩效分别做独立的深入分析；然后对这 6 个结构化的海湾环境治理网络，就网络参数、内在运作机制和治理绩效等进行比较分析；最后，在上述研究基础上归纳、总结同构/异构治理网络中"影响因素—互动行为—治理绩效"的海湾环境治理绩效影响机制分析模型。

二、比较研究法

本研究选取两个区域的 6 个海湾环境治理网络作为比较分析的研究对象，详见表 1.3。

表 1.3　选取的坦帕湾和象山港不同类型海湾环境治理网络

网络类型 不同区域	领导型网络	行政型网络	共享型网络
坦帕湾	—	坦帕湾河口计划政策制定	改善水质项目、栖息地修复和保护
象山港	象山港入海污染物总量控制、岸滩整治修复、象山港蓝色海湾整治领导小组	—	—

6 个海湾环境治理网络的比较分析基于以下三方面展开：第一，综合和专项海湾环境治理网络的比较分析。6 个案例中，"坦帕湾河口计划政策制定"和象山港"蓝色海湾整治行动蓝色海湾整治领导小组"属于综合性海湾环境治理网络，坦帕湾的"改善水质项目"和"栖息地修复和保护"、象山港的"象山港入海污染物总量控制"和"岸滩整治修复"属于专项海湾环境治理网络。本书比较分析综合和专项海湾环境治理网络在治理绩效及其影响机制上的差异。第二，中美综合性

的政府部门间海湾环境治理网络的比较分析:"坦帕湾河口计划政策制定"和象山港"蓝色海湾整治领导小组"。这两个案例同属于综合性海湾环境治理网络,而且同属于政府部门间治理网络。但前者是美国政府通过国家河口计划(the National Estuary Program, NEP)来影响各政府部门的合作;后者则是中国政府自上而下的行动计划推行。这两个案例的比较用于分析政府不同的作用方式(项目间接影响和命令直接控制)所引起的网络参数的变化及其对网络内在运作机制的影响。第三,中国政府部门间海湾环境治理网络比较分析:"蓝色海湾整治领导小组"和"象山港入海污染物总量控制"。这两个案例都是象山港政府部门间海湾环境治理网络,前者是综合性的政策,而后者是专项政策。通过这两个案例的比较,分析自上而下的政府推动、控制型治理网络在综合性政策与专项政策执行中绩效、影响机制的差异。第四,中美政府-民间合作海湾环境治理网络的比较分析:"栖息地修复和保护"和"岸滩整治修复"。比较分析坦帕湾的"栖息地修复和保护"和象山港的"岸滩整治修复"治理网络中,政府与民间合作中参与的行动者、合作的内容、方式以及各类网络参数和影响机制,展现中美政府-民间合作海湾环境治理网络的差异、优劣势及对治理绩效的影响。

三、文件、报纸、网络资料研究法

文件、报纸、网络资料研究法用于两个研究区域 6 个海湾环境治理网络数据的收集。首先,美国佛罗里达州坦帕湾海湾环境治理的研究资料来自于两方面。一是,申请者在佛罗里达州访学时参与了相关研究,积累的研究资料。二是,坦帕湾的"坦帕湾河口计划政策制定""栖息地修复和保护""改善水质项目"等 3 个治理网络的资料通过解读报纸(Tampa daily)、官方文件、官方网站数据资料(Tampa Bay Estuary Program)、网络资料来获取相关内容,确定网络边界、编码行动者、行动者的交往内容和次数、行动舞台、行动者利益与策略等,收集坦帕湾环境治理网络及其绩效的数据。

其次，象山港海湾环境治理网络数据来自于相关文件、报纸、网络资料。具体情况如下：第一，文件类。包括政府发布的正式文件和政府内部运作文件。已收集《宁波市海洋经济发展规划》、各年份的《宁波市海洋环境公报》《宁波市海洋生态环境治理修改若干规定》《渔用柴油补贴资金分配实施方案》《关于加强象山海域渔业资源保护的通知》《做好宁波市近岸海域海面漂浮垃圾监管处置工作的通知》《象山港区域保护和利用工作目标责任考核实施办法》等各类政策文件和内部运作资料 70 多份，并在不断更新中。第二，报纸类资料。《宁波日报》《宁波晚报》《今日象山》《宁海日报》等象山港蓝色海湾整治行动、近岸海域和海面漂浮垃圾监管和渔业资源保护所涉及区域的主要报纸。第三，网络资料。收集包括宁波市人民政府网、中国海洋在线、象山在线、宁波海洋与渔业局等网站上有关象山港 3 个海湾环境治理及其绩效的信息。最后，上述收集的资料通过解读关键词（根据网络参数选取）的方式编码、赋值，与实地访谈和问卷调查所获得的数据一起作为下一步数据分析的材料。

四、网络分析法

运用 UCINET6.0 或 PAJEK 对两个研究区域的 6 个海湾环境治理网络进行定量分析，并在此基础上设计理想的治理结构。首先，运用官方文件、报刊资料、网络资源、调查问卷、电话和实地访谈所获得数据分别对 6 个海湾环境治理网络特征进行分析。分析内容主要包括：治理网络的中心化、中心度、集聚度、密度、核心和边缘、结构洞等等。其次，运用官方文件、报刊资料、网络资源、调查问卷、电话和实地访谈所获得数据分析 2 个研究区域的行动者及其关系特征。分析内容主要包括：行动者数量、类型、联结方式（强关系、弱关系）、联结的桥、中介性、群体中介性等。最后，基于上述分析，运用 UCINET6.0 或 PAJEK 模拟构建不同类型的海湾环境治理网络的理想化模型。通过设计理想化的数据，形成理想化的海湾环境治理网络结构图，并定量、定性构建治理结构的各项指标和要素，为海湾环境治理制度重构做准备。

五、绩效评估法

根据评估治理问题属性的不同，本研究绩效评估方法分成两类，即目标达成法和总体绩效评价法。对于专项海湾环境治理：象山港入海污染物总量控制、岸滩整治修复、改善水质项目、栖息地修复和保护，分别根据各自的治理目标，选择具体的考量指标进行目标达成分析。对于综合海湾环境治理：坦帕湾河口计划政策制定和蓝色海湾整治行动领导小组，采用总体性的海洋环境治理绩效评价方法。即先从环境、经济、社会和治理四个层面用模糊评价法选取指标、设计权重，然后运用层次分析法将四个层面的指标，形成一个综合性的指标体系，最后分别对坦帕湾河口计划和蓝色海湾整治行动做出总体性的绩效评价。同时，为了深入分析治理网络对海洋环境治理绩效的影响，在目标达成分析和总体性绩效评估中分别评价治理网络中关键行动者对目标达成和总体绩效达成的影响力分析。

第二章　坦帕湾环境治理网络案例研究

坦帕湾位于美国佛罗里达州的西部，是该州最大的天然河口湾，也是全球最繁忙的港口之一。由于其独特的地理位置和生态环境，坦帕湾在历史上一直是人类活动的热点区域，特别是在工业革命后，快速的经济发展和人口增长对该地区的生态系统造成了巨大压力。20 世纪 70 年代，坦帕湾因极其严重的污染问题被宣称"死亡"，这一时期的环境危机引发了广泛的关注和治理行动。经过数十年的努力，坦帕湾的环境治理取得了显著成效，但同时也面临着持续的挑战和新的问题。

本章通过案例研究的方式，深入探讨坦帕湾治理网络结构和模式对环境治理绩效的影响，包括其地理和经济背景、治理历史、治理网络的结构和模式及其绩效评估。首先，本章将详细描述坦帕湾的地理位置、经济背景及其环境治理的历史演变。坦帕湾的地理位置使其成为生物多样性的重要栖息地，而其经济活动则集中在工业、商业和旅游业等领域，这些都对该地区的环境治理提出了独特的要求和挑战。自 20 世纪 70 年代以来，坦帕湾在污染控制和生态恢复方面取得了显著进展，通过多方合作和综合治理措施，使得水质和生态系统得到大幅改善。然而，人口的持续增长和经济的进一步发展仍然对环境治理提出了新的挑战。其次，本章将分析坦帕湾的治理网络，主要包括网络的主要行动者、政策工具、网络结构和合作模式。坦帕湾的环境治理离不开各级政府、企业、非政府组织和公众的共同参与。通过建立合作伙伴关系和实施多样化的政策工具，坦帕湾成功地推动了环境治理的有效实施。特别是坦帕湾国家河口计划（TB-NEP）和其后继组织坦帕湾环境项目（TBEP），在协调各方利益、整合资源和实施科学管理方面发挥了关键作用。本章将详细探讨这些组织的结构、职能和合作模式，以揭示其治理网络结构、模式和运作机制。最后，本章将对坦帕湾治理网络的绩效进行评估，探讨其治理网络结构、模式对治理绩效的影响机制。通过对水质监测数据、生态系统恢复情况以及社会经济效益的分析，本章将评估坦帕湾在环境治理方面取得的成效。本章还将深入探讨治理网络结构和模式对治理绩效的影响机制。分析主要行动者的角色分工和治理网络模式的选择，揭示治理网络如何通过协同治理、资源整合和利益协调等方式，提升治理效能。

坦帕湾的环境治理网络不仅是美国环境治理的一个典型案例，也为全球其他类似地区提供了宝贵的借鉴。通过系统的案例研究，本章旨在深入理解坦帕湾环境治理的复杂性和多样性，为实现可持续发展的目标提供科学依据和实践指导。

第一节　坦帕湾的地理、经济背景及环境治理历史

坦帕湾是美国东南部佛罗里达州最大的开放型天然河口湾，位于27°30′—28°15′N、83°00′—81°45′W，在高潮位时延绵约 1031 km²。坦帕湾由希尔斯堡湾、旧坦帕湾、中坦帕湾和低坦帕湾四个部分组成，行政区划包括皮尼拉斯县、马纳提县、帕斯科县、波尔克县和希尔斯堡县的大部分区域以及萨拉索塔县的局部区域。坦帕湾位于温带和热带的交界区，具有丰富的生物多样性，其广阔的面积能为海洋生物提供从淡水到盐水富有梯度变化的栖息环境。坦帕湾流域的地理位置和独特的生态环境使其成为一个重要的生物多样性热点地区。湾内广泛的浅水区、海草床、红树林和盐沼为多种鱼类、鸟类、无脊椎动物和其他海洋生物提供了理想的栖息地。坦帕湾不仅是许多濒危物种的重要栖息地，也是鱼类产卵和幼鱼生长的重要场所。这些生态系统在维持区域生物多样性、保护水质和提供渔业资源方面起着关键作用。

坦帕湾流域还拥有丰富的文化和历史遗产。这里是早期美洲原住民的居住地，考古发掘显示出丰富的史前文化遗迹。自19世纪以来，坦帕湾逐渐发展成为一个重要的经济和交通枢纽。随着港口的发展和城市的扩张，坦帕湾成为佛罗里达州重要的商业和工业中心，吸引了大量人口和企业。坦帕湾流域成为美国重要的沿海经济区和高度城市化区，其经济背景与独特的地理位置、人口增长和多样化的经济活动密切相关。根据 Tampa Bay Water Atlas 的数据，坦帕湾流域的人口从1970年的约115.88万人增长到2020年的314.14万人，增长了三倍多。这种人口增长带来了显著的城市扩张和土地利用变化，对区域的生态系统和经济发展产生了深远影响。过去50年间，坦帕湾的城市化进程迅速，土地开发和利用的变化导致了生态系统服务的显著转变，包括水质下降、生物多样性减少等问题。坦帕湾流域的经济活动主要集中在工业、商业和旅游业等领域。作为佛罗里达州的重要港口，坦帕湾拥有多个大型工业区和港口设施，是全球最繁忙的港口之一。港口的繁忙运作和工业活动为当地提供了大量就业机会，推动了区域经济的快速发展。根据 Southwest Florida Water Management District 的数据，港口相关活动是当地经济的主要支柱之一，支持了大量的制造业、分销和物流企业。坦帕湾流域的商业和服务业也非常发达。坦帕市作为该区域的经济中心，拥有众多的企业总部、金融机构和商业服务机构。区域内还设有多个购物中心和商业区，为居民和游客提供了丰富的购物和消费选择。服务业的蓬勃发展为当地居民提供了广泛的就业机会，并提升了区域经济的多样性和稳定性。此外，坦帕湾也是一个重要的旅游胜地，每年吸引大量游客前来观光、度假和休闲。这些游客不仅为当地带来了直接的经济收益，还促进了餐饮、住宿、娱乐等相关产业的发展。旅游业的繁荣进一步推动了区域经济增长，并增加了就业机会。

然而，快速的城市化和经济发展也带来了显著的环境压力。随着人口和经济活动的增加，坦帕湾流域的土地利用发生了剧烈变化，大量自然景观被开发为城市用地。这种土地利用变化不仅导致了生物多样性的减少，还增加了非点源污染物的排放，如养分、重金属和有机污染物。20世纪70年代，坦帕湾经历了极其严重的污染问题，导致其被宣称"死亡"。这一时期的污染源主要包括工业废水、城市污水以及农业径流。1977年至1983年，坦帕湾的水质全线"飘红"，即没有达到国家水质标准。这段时间，坦帕湾流域内的化学污染物浓度显著上升，特别是多环芳烃（PAHs）、农药（如DDT）和多氯联苯（PCBs）等有机污染物，导致了大面积的生态破坏。根据 Greening 和 Janicki（2006）的研究，到20世纪70年代末，坦帕湾的富营养化状况十分严重，水体中藻类大量繁殖，水草面积从1950年的16 400公顷减少到1982年的8800公顷，损失超过一半。此外，工业排放和农业径流中的高浓度营养物质（如氮和磷）导致藻华频发，进一步恶化了水质。当时，希尔斯堡湾（Hillsborough）作为坦帕湾的一部分，污染尤为严重。研究显示，该区域的污水处理厂和肥料工业活动是主要的污染源，导致水体中的溶解氧含量显著下降，水质变差。一些重金属（如铅）的浓度也显著高于安全标准，进一步加剧了生态系统的压力。20世纪70年代后期的研究还发现，坦帕湾中的鱼类和其他水生生物体内累积了大量的有害化学物质。这些污染物不仅影响了水生生物的健康，还通过食物链传递，对人类健康构成潜在威胁。

这些污染问题引起了公众和政府的高度关注，促使他们采取了一系列治理措施。1972年通过的《清洁水法》以及后续的环境法规，为坦帕湾的污染治理提供了法律框架和资金支持。通过多方合作和长期努力，坦帕湾的环境质量逐步改善，水质和生态系统得到了显著恢复。在流域内的地方政府、企业和居民数十年的努力下，2012年以来流域水质连续全线"飘绿"（达到国家水质标准）。据统计，1985年以来坦帕湾流域内的海草面积增加约32 km²，鱼类和野生动物的数量也大幅增加。21 世纪以来，坦帕湾因在流域生态恢复中取得骄人成绩而受到国际社会的广泛关注。坦帕湾流域水环境治理也成为六个县的"经济发动机"：截至 2015 年，流域内每五个就业岗位中就有一个与水环境治理有关；在六个县的经济总量中，有关水环境治理的经济活动产值计 220 亿美元，占比为 13%。政府部门提供 2.5 亿美元，设立污水控制、废水和雨水管理、生物资源管理、栖息地维护和修复、土地征用、疏浚弃土管理、规制和执行、公众意识以及行政规划和协调九个项目，积极参与坦帕湾流域水环境治理。可以说，在政府部门、科学家、资源管理者、居民和第三部门的共同努力下，坦帕湾流域水环境治理取得良好绩效。

在显著成绩的背后，坦帕湾流域经历了水环境治理模式的深刻转变。在水环境治理初期，联邦政府和州政府不断强化命令和控制，如制定水环境质量标准和排污标准以及采用各类技术监控手段，但收效甚微。20 世纪 80 年代中期以来，坦帕湾流域将建立"合作伙伴关系"作为政策创新工具。合作伙伴关系是在解决水环境问题这一共同的利益和愿景之上形成的参与者自发自愿的行为，可视为社会组织、企业和居民在政府不能解决问题时而采取的"救火"行为；而从公共选择理论的角度来看，只有在"着火"时社会组织、企业和居民的行为收益才会大于行为成本。因此，合作伙伴关系具有两个缺陷：①无法持续提升坦帕湾流域的水环境质量；②无法很好地整合政府力量。为弥补上述缺陷以及在水环境治理中充分发挥政府和社会组织的合力，TBEP 应运而生。

TBEP 的前身是坦帕湾国家河口计划（TB-NEP）。TB-NEP 旨在保护和恢复海湾的水质量和生态完整性，每年由联邦政府提供经费支持、国家指导和技术支持，并由美国环保局管理。TB-NEP 最初由希尔斯堡县、马纳提县、皮尼拉斯县、坦帕圣彼得堡清水湾、南佛罗里达水管理行政区、佛罗里达环保局和美国环保局形成合作伙伴关系，至

1998 年又有六个合作伙伴签署协议，此后越来越多的大学、非营利组织和个人也参与进来。最终，**TB-NEP** 在吸纳大量的地方合作协议后变成 TBEP。

坦帕湾河口计划属于美国"国家河口计划"的其中一个项目。其本质是一种以生态系统为基础、以社区治理为依托的区域综合生态管理的实践活动，其实际运行是以河口生态系统为单位划分河口区域，由各区分别以河口环境保护与修复项目形式开展。根据美国当地的法律，每个河口项目都制定了一个管理机构，将不同的利益相关者聚集在一起，识别问题并制定管理计划，从政府各级选举和任命的决策官员、来自联邦、州、地区和地方机构的环境管理者、地方科学和学术团体、私人公民，以及来自公共利益集团的代表——企业、行业、社区和环境组织等都是管理机构的组成成员并发挥重要作用。美国国家河口计划遵循以下原则：管理机构定期进行公开讨论，最终达成共识；管理机构致力于促进信息共享，最大程度有效地利用有限的资源；组成管理会议的委员会应该继续对新成员开放；管理机构致力于满足合作伙伴、利益相关者的共同利益；管理机构办公室应有自主性和可预见性。

TBEP 的组织结构扁平而简单，其最高领导机构为"管理与政策委员会"。①政策委员会的官员从当地政府选举产生，代表美国环保局、地方环保局和水管理部门；②管理委员会由环境管理人员组成。TBEP 项目组共有七名职员，分别来自不同的县和不同的部门。其中包括：执行理事一名，负责维护和促进 TBEP 的合作伙伴关系；行政管理员一名，负责跟踪和汇报 TBEP 所有的政府补助和基金合作协议，同时管理相关技术和延伸服务的子合同；高级科学家一名，负责保护、恢复和维持流域生态的技术评估和工程分析；公共拓展协调员一名，负责宣传项目目标，并提升社区对水环境问题及其解决方案的认知；项目经理一名，负责海湾项目的小额资助和海湾志愿者"一日捐"项目；

生态学家一名，负责各类技术项目；技术项目协调员一名，负责项目管理、法律执行和土地征用等。TBEP 有四个委员会，即技术咨询委员会、社区咨询委员会、海牛意识联盟和氮管理联盟。作为 TB-NEP 的延续和扩展，TBEP 依然接受联邦政府的经费支持、国家指导和技术支持，同时接受州政府、地方政府和各类社会组织的经费支持。据统计，在过去的三年里，TBEP 平均每年接受 99.4 万美元的经费支持，其中 57% 来自美国环保局，14% 来自西南佛罗里达水资源管理局，29% 来自城市和社区。总体上看，虽然在不同区域的河口计划推行具有一定的差异，但大体上管理机构包含以下几个部分：①政策委员会（Policy Committee）：政策委员会通常由联邦、州和地方政府的高层决策者组成，他们为相应的河口计划设定了总体基调和方向，并帮助确保有支持该计划所需的资源。美国环境保护署地区行政长官或州长经常任命政策委员会成员。②管理委员会（Management Committee）：在河口计划具体行动中，需要一个核心小组来确保各委员会的日常工作得到完成。这个小组通常被称为管理委员会。管理委员会负责规划和实施过程的具体细节，其代表通常包括来自所涉及的联邦、州、地区和地方政府机构的中级机构管理人员和技术人员。③科学技术咨询委员会（Scientific and Technical Advisory Committee）：为了确保河口计划具体行动与良好的科学成果联系在一起，大多数河口计划会成立一个科学和技术咨询委员会，向管理委员会推荐科学研究、调查、抽样和监测项目。此外，科学和技术咨询委员会还可制定监测战略、海湾的状况报告等。④公民咨询委员会（Citizens Advisory Committee）：大多数河口计划组成了一个公民咨询委员会，以确保管理委员会和项目工作人员将公众纳入决策过程，并将公众纳入每个项目阶段。公民咨询委员会建议以最有效的方式通知公众，并征求其参与。

TBEP 的行动计划主要包括改善水和沉积物质量，改善海湾栖息地环境，增加海湾鱼类和野生动物的数量和种类并提升质量，实施长期的疏浚计划以及采取预防措施避免危险物质溢漏。虽然 TBEP 的政策目标依然是保护和恢复海湾的水质量和生态完整性，但在管理层面开始走向更高的治理结构和制度建设，致力于通过执行科学的、社区导向的综合保护和管理计划来建立合作伙伴关系。近六年来，TBEP 促进了坦帕湾流域水环境问题的科学研究，反映公众、社会组织和社区在建设健康海湾和繁荣海湾经济上的共同利益诉求。TBEP 的政策手段主要包括：①资助解决海湾水环境问题的高端科学研究；②资助解决海湾水环境问题的示范创新项目；③向社区提供小额资助，以提高公众保护和修复海湾水环境的参与度；④发展面向社区的教育项目。为更好地实现政策目标，TBEP 越来越关注对水环境治理合作者的培育，除已合作 18 年且取得显著成效的氮管理联盟外，近年来重点培育坦帕湾环境修复基金和西南佛罗里达区域生态修复计划。此外，TBEP 在激励公众参与水环境治理方面也频出新招，除传统的小额资助外，还设立工作坊、开展"给海湾一天"主题活动和建立社区咨询委员会等，最大限度地通过各类媒体和平台吸纳公众参与。

综上所述，坦帕湾流域的经济背景复杂且多样化，其发展历程不仅展示了区域经济的繁荣，也反映了在快速城市化和经济增长过程中所面临的环境挑战。通过科学管理和有效治理，坦帕湾流域逐渐实现了经济发展与环境保护的平衡，为全球其他地区提供了宝贵的经验和借鉴。

第二节　坦帕湾的治理网络及其治理模式、结构特征分析

坦帕湾是美国佛罗里达州的重要海湾，因其广阔的水域面积，对当地的经济和生态系统具有重大影响。然而，长期的人类活动和城市化进程对坦帕湾的水质和生态系统造成了严重威胁。为应对这些挑战，TBEP 在 2017 年制定了一系列环保行动，旨在改善水质和恢复生态系

统，以维护生态环境并促进可持续发展。本节将深入分析坦帕湾的三个环境治理网络及其治理模式和结构特征。坦帕湾环境治理的显著成效，得益于其多层次、多维度的治理网络，这些网络涵盖了政策制定、项目实施以及生态系统恢复等方面。具体而言，本节将探讨三个关键治理网络：坦帕湾河口计划政策制定网络、改善水质项目治理网络和栖息地修复与保护行动治理网络。通过对这些治理网络的详细分析，我们将揭示这三种环境治理模式和各自的结构特征如何影响治理绩效，进而共同促进坦帕湾环境治理目标的实现。

TBEP 是坦帕湾环境治理的核心政策框架。该计划旨在通过多方合作，制定和实施综合性的环境治理政策，以保护和恢复坦帕湾的水质和生态系统。政策制定网络包括联邦、州和地方政府，非政府组织，科研机构，以及公众的参与。这种多层次、多方参与的治理结构在协调各利益相关方、整合资源和推动政策实施方面发挥了关键作用。

改善水质项目治理网络是坦帕湾环境治理中的重要组成部分。该网络主要集中在减少污染物排放、控制径流和提升水质等方面。通过实施严格的排污标准、升级污水处理设施和推广绿色基础设施，坦帕湾在水质改善方面取得了显著进展。改善水质项目的治理网络包括环境保护部门、市政当局、工业界和社区组织的合作，这种合作模式有效促进了污染控制措施的落实和环境质量的提升。

栖息地修复与保护行动治理网络是坦帕湾生态系统恢复的关键。该网络致力于恢复受损的海草床、红树林和湿地等关键生态系统，保护生物多样性和增强生态系统服务功能。栖息地修复项目通常由政府机构、科研机构和非营利组织共同实施，强调科学指导和社区参与。通过实施栖息地修复与保护行动,坦帕湾不仅恢复了生态系统的健康，还提升了区域生态承载力和抗风险能力。

通过对这三个治理网络的详细分析，本节将全面揭示坦帕湾环境治理的成功经验和所面临的挑战。通过探讨各治理网络的结构特征描述、治理模式分析及其在不同治理情境中的表现，我们将能够识别出关键的成功因素和潜在的改进领域。这种分析不仅有助于理解坦帕湾治理模式的内在机制，为其他地区的环境治理提供有价值的理论支持和实用建议。

一、坦帕湾河口计划政策制定网络

TBE 是坦帕湾环境治理的重要框架，其政策制定网络在保护和恢复坦帕湾的水质和生态系统方面发挥了关键作用。TBEP 的政策制定网络由多方行动者组成，包括联邦、州和地方政府、私人企业、非政府组织以及社区团体。这一多层次、多方参与的网络结构通过协同合作和资源整合，实现了政策的有效制定和执行。TBEP 的官方网站（www.tbep.org）提供了详细的政策文本和管理机构组成信息，本文依据这些数据绘制了 TBEP 政策制定网络图，并将从网络密度、中心性及合作模式等方面对其进行详细分析，揭示该网络在提升治理绩效中的作用和贡献。

本节结合 TBEP 管理机构的组成结构，详细分析了 TBEP 的政策制定过程，并依据坦帕湾河口计划官方网站（www.tbep.org）提供的政策文本和相关数据，绘制了坦帕湾河口计划政策制定网络图（见图 2.1）。数据来源包括 TBEP 官方网站上公开的政策文件、年度报告、会议记录以及各类合作协议，这些文件详细记录了 TBEP 的组织架构、成员组成、合作伙伴关系和决策过程。

首先，TBEP 官方网站提供了关于其管理机构的详细信息，包括政策委员会（Policy Committee）、管理委员会（Management Committee）和科学技术咨询委员会（Scientific and Technical Advisory Committee）等关键部门的职责和成员名单。政策委员会主要由地方政府和州政府的高层决策者组成，他们负责制定总体政策和指导方针。管理委员会由各级政府的环境管理者和技术专家组成，负责具体政策的实施和监督。科学技术咨询委员会则由科学家和技术专家组成，提供科学依据和技术支持。此外，TBEP 的年度报告和会议记录中详细列出了各个合作组织的参与情况，这些合作组织包括政府部门、私人部门、非政府组织和社区团体等。这些报告不仅描述了各组织在政策制定过程中的具体角色和贡献，还展示了各方如何通过合作来推动政策的落实。

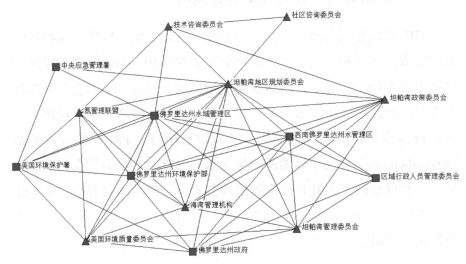

图 2.1　坦帕湾河口计划政策制定网络图

通过综合分析这些来源的数据，我们绘制了坦帕湾河口计划政策制定网络图。从图中可以看出，TBEP 的政策制定网络包含 15 个行动者，其中包括 7 个政府部门和 8 个合作组织。这 8 个合作组织由政府部门、私人部门和社会组织等多方组成，体现了多元化的合作模式和广泛的参与度。为了进一步了解 TBEP 政策制定的治理网络现状，本文还从网络密度、网络中心势、度数中心度以及中间中心度等方面对网络结构进行了详细描述（见表 2.1）。这些指标有助于分析网络的紧密程度、各行动者的影响力以及信息流动的效率，从而为优化治理网络提供科学依据。

表 2.1　坦帕湾河口制定宏观政策网络结构

案例	网络密度	度数中心度	中间中心度	网络中心势
坦帕湾河口计划制定宏观政策	0.529	1.000（坦帕湾地区规划委员会） 0.857（佛罗里达州水域管理区）	24.639（坦帕湾地区规划委员会） 11.388（佛罗里达州水域管理区）	0.539

1. 坦帕湾河口计划政策制定网络结构特征分析

从图 2.1 和表 2.1 的数据可以得出以下三点关于坦帕湾河口计划政策制定网络结构具有如下特征：

首先，行动者的异质性和多样性：从图 2.1 可以看出，坦帕湾河口计划政策制定网络的参与者数量为 15 个，包括 7 个政府部门和 8 个合作组织。这 8 个合作组织由政府部门、私人部门和社会组织等多方组成，显示出行动者的高度异质性和多样性。这样的多样性意味着不同行动者可以从各自的角度提供不同的资源和信息，有助于形成更全面和多维的政策制定过程。

其次，网络密度和中心势：根据表 2.1，坦帕湾河口计划政策制定网络的密度为 0.529，表明网络中的各个行动者之间的联系较为紧密，但仍有进一步加强的空间。较高的网络密度意味着信息和资源在网络中的传达相对便捷，但仍有可能通过增强互动和合作来进一步提高效率。网络的中心势为 0.539，表明该网络中度数中心度较大的行动者对整个网络的控制能力为中等水平。这意味着在坦帕湾河口计划政策制定网络中，虽然存在一些具有较高影响力的行动者，但总体上各行动者的地位相对平等。这种相对平等的结构有助于防止单一行动者过度主导政策制定过程，促进更为民主和包容的治理模式。因此，认为坦帕湾河口计划政策制定网络为一种行政型网络治理模式。

最后，度数中心度和中间中心度：从表 2.1 的度数中心度和中间中心度数据来看，坦帕湾地区规划委员会和佛罗里达州水域管理区分别占据第一和第二的位置。这表明这两个行动者在坦帕湾河口计划政策制定网络中具有主导地位，承担了重要的协调和决策职责。坦帕湾地区规划委员会在网络中的度数中心度为 1.000，显示出其在连接和协调其他行动者方面的核心作用。此外，佛罗里达州水域管理区的中间中心度为 11.388，这表明其在信息和资源传递过程中起到了关键的中介作用。由于网络中涉及多种类型的行动者，这种多样性增强了网络的整体管理能力，使得政策制定过程更加灵活和响应迅速。

综合上述分析，可以看出，坦帕湾河口计划政策制定网络具有以下几个显著特征：①多样性和异质性明显。网络中包含多种类型的行动者，这种多样性有助于形成全面和多维的政策制定过程。②较高的网络密度。尽管当前的密度较高，但仍有进一步加强的空间，通过增强互动和合作可以提高网络效率。③中等程度的中心势。中心势表明网络中各行动者的地位相对平等，促进了民主和包容的治理模式。④主导行动者起关键作用。坦帕湾地区规划委员会和佛罗里达州水域管理区在网络中起到了重要的协调和决策作用，体现了主导行动者的关键地位。

2. 坦帕湾河口计划政策制定网络模式分析

通过对图 2.1 和表 2.1 的数据分析，并结合 Provan 和 Kenis 的网络治理模式，可以看出，坦帕湾河口计划政策制定网络主要体现为行政型网络治理模式（Network Administration Organization, NAO）。这一模式的具体特征在于网络中存在一个专门的管理和协调机构，负责整个网络的治理和运作，从而提升治理效能。

首先，坦帕湾河口计划政策制定网络的治理结构中，坦帕湾地区规划委员会和佛罗里达州水域管理区占据了重要位置。这两个组织在政策制定和实施过程中起到了关键的领导和协调作用，确保了治理活动的有序进行。从网络的中心势和度数中心度数据可以看出，尽管有核心行动者,但整体网络的控制能力较为平衡。这意味着,各行动者之间的合作较为紧密,体现了行政型治理模式通过专业管理和外部协调来提升网络效能的特点。坦帕湾河口计划政策制定网络中的行动者包括政府部门、私人部门和社会组织等,显示出高度的多样性和异质性。这种结构有助于汇集多方资源和信息,形成更全面和多维的政策制定过程。多样化的行动者不仅带来了丰富的专业知识和资源,还增强了网络的适应性和灵活性,有助于应对复杂的环境治理问题。网络中的高异质性使得每个行动者能够从不同的角度提供。

从网络密度来看,坦帕湾河口计划政策制定网络的密度为 0.529,表明网络中的各个行动者之间的联系较为紧密,但仍有进一步加强的空间。较高的网络密度意味着信息和资源在网络中的传达相对便捷,但通过增强互动和合作可以进一步提高效率。网络的高密度特性有助于快速传递信息和资源,减少沟通障碍,从而提高治理效率。然而,为了进一步提升治理效能,还需要增加网络的互动频率和深度,促进更为紧密的合作关系。佛罗里达州水域管理区在信息和资源传递中的关键中介作用,反映了行政型网络治理模式中的协调和管理职能。根据表 2.1 的数据,佛罗里达州水域管理区在中间中心度上具有显著优势,表明其在网络中起到了关键的中介作用。这种中介作用不仅在信息和资源的传递中至关重要,还在协调不同行动者之间的合作中发挥了重要作用。中间中心度的高值表明该组织在网络中占据了核心位置,能够有效协调各方资源和行动,促进政策的高效实施。网络的中心势为 0.539,表明该网络中度数中心度较大的行动者对整个网络的控制能力为中等水平。这意味着在坦帕湾河口计划政策制定网络中,虽然存在一些具有较高影响力的行动者,但总体上各行动者的地位相对平等。这种相对平等的结构有助于防止单一行动者过度主导政策制定过程,促进更为民主和包容的治理模式。网络的中心势数据表明,各行动者在政策制定过程中能够平等参与和协作,体现了网络治理中的协同合作精神。

综合上述分析，可以看出，坦帕湾河口计划政策制定网络通过多样化的行动者、多层次的合作模式和灵活的治理结构，成功地促进了坦帕湾环境治理目标的实现。行政型网络治理模式的应用，使得网络中的专业管理和外部协调得以有效实施，从而提升了整个网络的治理效能。通过进一步加强网络密度和各行动者之间的互动，可以进一步提升网络的治理效能，为其他类似地区提供宝贵的经验和参考。

二、改善水质项目治理网络

坦帕湾河口计划旨在通过多方协作改善坦帕湾的水质和生态系统。该计划包含多个具体的行动方案，重点关注减少污染物排放、水生态系统恢复、水质监测以及社会参与等方面。通过对这些行动方案的详细分析，可以更好地理解 TBEP 在水质改善方面的策略和成效。

1. 减少污染物排放

针对坦帕湾周边城市的污染物排放问题，TBEP 提出了一系列减少污染物排放的措施。这些措施包括加强工业和交通排放标准、加强城市污水处理以及鼓励农业绿色发展等。例如，在工业和交通方面，TBEP 通过提高排放标准来减少有害物质的排放，并推动清洁能源和绿色技术的应用。在城市污水处理方面，TBEP 加强了对污水处理设施的监管，提高了污水处理能力，从而减少未经处理的污水排放。此外，TBEP 还通过推广有机农业和减少化肥、农药使用来减少农业污染（Greening, Janicki, 2006）。坦帕湾区域的有害藻华物种泛滥和水域污染问题严重，为此 TBEP 与相关的实验室和学术机构合作，利用流体动力学模型更好地了解有害藻华的环流作用，并改进对藻华蔓延和范围的预测。此外，TBEP 还开展了坦帕湾的垃圾管理计划，于 2019 年获得资金拨款，并与海洋垃圾专家团队合作，在坦帕湾流域内部署和维护 12 个垃圾捕获设备。通过记录捕获碎片的独特特征，TBEP 深入了解了坦帕湾的水生垃圾问题，并制定了相应的治理策略（Macdonald et al., 2004）。

2. 水生态系统恢复

TBEP 提出了多项措施来恢复坦帕湾的湿地和滩涂生态系统，改善水体流动性和水深，并加强鱼类和野生动物栖息地的保护。这些措施包括种植红树林、恢复海草床以及建设人工湿地等。通过这些生态修复行动，TBEP 不仅提高了水体的自净能力，还增强了生物多样性。例如，研究显示，通过种植海草床和红树林，坦帕湾的生物栖息地得到了显著改善，鱼类和野生动物的数量也有所增加（Sherwood et al., 2016）。

3. 水质监测

为了更好地评估坦帕湾的水质状况和治理效果，TBEP 加强了对水质的监测和评估，建立了完善的水质监测体系。该体系包括实时监测水质参数、分析污染源以及制定针对不同区域的治理方案。通过使用卫星遥感技术和现场监测数据，TBEP 能够及时掌握水质变化情况，并根据监测结果调整治理措施（Chen et al., 2007）。这种监测体系不仅提高了治理的精准性，还增强了对水质问题的应对能力。

4. 社会企业参与

TBEP 强调社会参与的重要性，鼓励市民积极参与环保行动，并提供了多种方式和途径，如组织志愿者活动、开展公益宣传和环境教育等。通过这些措施，TBEP 提高了公众的环保意识，促进了社会各界对环境治理的支持。例如，TBEP 与非营利组织合作，开展了多次环保宣传活动，吸引了大量市民参与其中，提高了公众对环境保护的认识和参与度（Russell, Greening, 2013）。在项目的实施上，TBEP 的合作伙伴做出了许多努力，例如雨水处理项目、减少大气沉降项目、工业制造和工艺升级、废水排放再利用、区域恢复和雨水处理创建等。

这些项目在减少污染物排放、改善水质方面取得了显著成效。在与私营企业的合作中，TBEP 与坦帕湾氮气公司合作，管理和维护氮行动计划数据库，从而有效控制氮排放。在与非营利机构的合作中，TBEP 与坦帕湾水务公司合作，对水质进行净化，通过公司所服务的政府向 250 多万人供水（Beck et al., 2019）。

综上所述，坦帕湾河口计划通过多层面的综合治理来推行改善水质项目。首先，通过严格控制工业和交通排放、提升污水处理设施以及推广有机农业，有效减少了污染物排放。其次，生态系统恢复措施如种植红树林和恢复海草床，增强了水体的自净能力和生物多样性。完善的水质监测体系利用卫星遥感和现场数据，实现了实时监控和精准治理。此外，通过广泛的社会参与，提升了公众环保意识，推动了治理措施的实施。在改善水质项目的推行过程中，形成了综合治理的网络。

为了绘制坦帕湾河口计划改善水质项目治理网络图，本文综合了多个数据来源。首先，本书参考了《绘制航向：坦帕湾综合保护和管理计划》（Charting the Course: The Comprehensive Conservation and Management Plan for Tampa Bay, 2017）中的详细政策文本和实施方案，该文献提供了坦帕湾环境治理的整体框架和具体行动计划；其次，TBEP 官方网站（www.tbep.org）提供了关于各个项目的实施细节、合作伙伴关系以及项目进展的最新信息，这些信息为网络图的准确性和全面性提供了重要支持；最后，关于坦帕湾水质改善治理的学术论文。通过分析、解读和编码这些数据来源，本文绘制了反映 TBEP 改善水质项目的治理网络图，展示了各行动者之间的合作关系和治理结构，为进一步研究提供了数据基础和视觉参考（见图 2.2、表 2.2）。

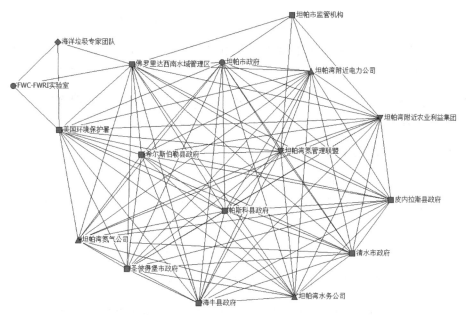

图 2.2 坦帕湾河口计划改善水质治理网络图

表 2.2 坦帕湾河口计划改善水质网络结构

案例	网络密度	度数中心度	中间中心度	网络中心势
坦帕湾河口计划改善水质项目	0.743	0.938（美国环境保护署） 0.875（坦帕湾氮管理联盟、坦帕市政府、坦帕湾附近农业利益集团、坦帕湾附近电力公司）	13.167（美国环境保护署） 10.000（佛罗里达西南水域管理区）	0.29

三、改善水质项目治理网络结构特征分析

通过对图 2.2 和表 2.2 的数据分析，我们可以详细了解坦帕湾河口计划（TBEP）改善水质项目的治理网络结构及其特征。这些分析结果揭示了 TBEP 在实施改善水质项目过程中所采用的治理模式和各行动者的角色与影响力。

首先，行动者的异质性和多样性：从图 2.2 可以看出，TBEP 改善水质治理网络的参与者数量为 17 个。其中包括 10 个政府部门、3 个企业、2 个社会组织、1 个学术机构和 1 个民众团体。具体而言，政府部门包括坦帕市政府、佛罗里达州西南水域管理区和美国环境保护署等；企业包括坦帕湾附近电力公司、坦帕湾水务公司和坦帕湾氮气公司；社会组织包括坦帕湾氮管理联盟和坦帕湾附近农业利益集团；学术机构是 FWC-FWRJ 实验室；民众团体是海洋垃圾专家团队。这种参与者的多样性和异质性表明，TBEP 的治理网络不仅依赖于政府部门，还包括企业、社会组织和学术机构等多方力量的参与。这种结构有助于汇集多方资源和信息，形成更全面和多维的政策制定和实施过程。多样化的行动者带来了丰富的专业知识和资源，增强了网络的适应性和灵活性，有助于应对复杂的环境治理问题。

其次，网络密度和中心势：根据表 2.2，TBEP 改善水质项目治理网络的密度为 0.743，表明网络中各个行动者之间的联系较为紧密。高密度的网络结构意味着信息和资源能够高效传递，有助于快速协调和响应环境治理需求。这样的联系紧密性有利于在应对复杂环境问题时，各方能够迅速共享信息和资源，提高整体治理效能。网络的中心势为 0.29，表明该网络中度数中心度较大的行动者对整个网络的控制力较弱。这意味着，尽管有一些核心行动者，但整体上各行动者之间的地位相对平等。这种平等的结构有助于防止单一行动者过度主导政策制定过程，促进更为民主和包容的治理模式。因此，TBEP 改善水质治理网络更符合共享型网络治理模式（Shared Governance）。在这种模式下，各行动者通过协同合作，实现了更加平衡和有效的治理。

最后，度数中心度和中间中心度：从表 2.2 的度数中心度和中间中心度数据来看，美国环境保护署在 TBEP 改善水质治理网络中占据主导地位。其度数中心度为 0.938，并且中间中心度为 13.167，显示了其在网络中的核心位置和重要影响力。美国环境保护署在治理网络中的主导地位表明其在政策制定和资源协调方面起到了关键作用。此外，坦帕湾氮管理联盟、坦帕市政府、坦帕湾附近农业利益集团和坦帕湾附近电力公司的度数中心度也较高，表明这些行动者在网络中也具有较强的影响力和参与度。特别是坦帕湾氮管理联盟和坦帕湾附近农业利益集团，这些社会组织和企业在资源整合和治理项目的实施过程中发挥了重要作用。

综合上述分析，可以得出以下几点关于 TBEP 改善水质项目治理网络的特征：①多样性和异质性明显。网络中包含多种类型的行动者，包括政府部门、企业、社会组织、学术机构和民众团体。这种多样性有助于汇集多方资源和信息，形成全面和多维的治理策略。②高网络密度：网络密度为 0.743，表明各行动者之间联系紧密，信息和资源传递高效。这种高密度结构有助于快速协调和响应环境治理需求，提高治理效能。③共享型治理模式.网络的中心势为 0.29，表明各行动者之间的地位相对平等，体现了共享型治理模式的特征。这种模式促进了各行动者的协同合作，实现了更加平衡和有效的治理。④主导行动者起关键作用。美国环境保护署在网络中占据主导地位，度数中心度和中间中心度均为最高，表明其在政策制定和资源协调方面起到了关键作用。此外，坦帕湾氮管理联盟、坦帕市政府和坦帕湾附近农业利益集团等行动者也在治理网络中发挥了重要作用。

四、改善水质项目治理的网络模式分析

通过对图 2.2 和表 2.2 的数据分析，结合 Provan 和 Kenis 提出的三种网络治理基本模式，即共享型网络治理（Shared Governance）、领导型网络治理（Network Lead Organization, NLO）和行政型网络治理（Network Administration Organization, NAO），可以详细分析坦帕湾河口计划（TBEP）改善水质治理网络的治理模式，并解释为什么其主要体现为共享型网络治理模式，以及这种模式在改善水质中的特点和优势。

首先，从图 2.2 可以看出，TBEP 改善水质治理网络的参与者数量为 17 个。这些参与者包括 10 个政府部门、3 个企业、2 个社会组织、1 个学术机构和 1 个民众团体。这种多样性和异质性显示了网络的复杂性和多方参与的特点。具体而言，参与的政府部门有坦帕市政府、佛罗里达州西南水域管理区和美国环境保护署等；企业包括坦帕湾附近电力公司、坦帕湾水务公司和坦帕湾氮气公司；社会组织包括坦帕湾氮管理联盟和坦帕湾附近农业利益集团；学术机构是 FWC-FWRJ 实验室；民众团体是海洋垃圾专家团队。这种多样性和异质性表明，TBEP 的治理网络不仅依赖于政府部门，还包括企业、社会组织和学术机构等多方力量的参与。这种结构有助于汇集多方资源和信息，形成更全面和多维的政策制定和实施过程。根据 Provan 和 Kenis 的理论，共享型网络治理模式通常涉及多种不同类型的行动者共同参与决策和治理。从这一点来看，TBEP 改善水质治理网络符合共享型网络治理模式的特征。网络中没有单一的主导者，各行动者通过协同合作实现治理目标。这种模式强调多方参与和资源共享，使得每个行动者都能够充分发挥各自的优势和资源，共同推动水质改善项目的实施。

其次，根据表 2.2 的数据，TBEP 改善水质项目治理网络的密度为 0.743，表明网络中的各行动者之间具有较为紧密的联系。高密度的网络结构意味着信息和资源能够高效传递，有助于快速协调和响应环境治理需求。这种紧密的联系有利于在应对复杂环境问题时，各方能够迅速共享信息和资源，提高整体治理效能。网络的中心势为 0.29，表明网络中度数中心度较大的行动者对整个网络的控制力较弱，各行动者之间的地位相对平等。这种平等的结构有助于防止单一行动者过度主导政策制定过程，促进更为民主和包容的治理模式。度数中心度和中间中心度的数据进一步支持了共享型网络治理模式的判断。从表 2.2 的度数中心度和中间中心度数据来看，美国环境保护署在 TBEP 改善水质治理网络中占据主导地位，其度数中心度为 0.938，中间中心度为 13.167。这表明，美国环境保护署在网络中具有最高的连接数和中介作用，能够有效协调各行动者之间的合作。此外，坦帕湾氮管理联盟、坦帕市政府、坦帕湾附近农业利益集团和坦帕湾附近电力公司的度数中心度也较高，表明这些行动者在网络中也具有重要的影响力和参与度。

具体来说，共享型网络治理模式在 TBEP 改善水质治理项目中的特点和优势主要体现在以下几个方面：①广泛的多方参与：TBEP 治理网络中包含了政府部门、企业、社会组织、学术机构和民众团体等多种类型的行动者。各方通过合作共同治理，能够从不同角度提供专业知识和资源，形成全面的治理策略。②高效的信息和资源传递：高网络密度意味着信息和资源能够在网络中高效传递。各行动者之间的紧密联系有助于快速共享信息和资源，及时协调和响应治理需求，提高治理效率。③平等的治理结构：网络的中心势较低，表明各行动者在网络中的地位相对平等。这种平等的结构有助于防止单一行动者过度主导，促进协同合作和民主决策，使得治理过程更加包容和全面。④关键行动者的协调作用：尽管整体上网络趋向于共享型治理模式，但美国环境保护署在网络中起到了关键的协调作用。其高度数中心度和中间中心度表明，其在资源整合和政策协调方面具有重要影响力。这种核心行动者的存在能够有效协调各方资源和行动,提高治理效率。⑤多方资源整合：通过多方参与和资源共享，TBEP 能够充分利用各行动者的优势，实现资源的最优配置。这种资源整合的方式不仅提高了治理效能，还增强了网络的适应性和灵活性，使其能够应对复杂多变的环境问题。

综上所述，坦帕湾河口计划改善水质治理网络显示出共享型网络治理模式的特征。多样性和异质性体现在网络中包含多种类型的行动者，包括政府部门、企业、社会组织、学术机构和民众团体。这种多样性有助于汇集多方资源和信息，形成全面和多维的治理策略。高网络密度的特点表明，各行动者之间的联系紧密，信息和资源传递高效，有助于快速协调和响应环境治理需求，提高治理效能。共享型治理模式的特征则表现在网络的中心势较低，各行动者之间的地位相对平等，促进了协同合作，实现了更加平衡和有效的治理。

五、栖息地修复与保护行动治理网络

坦帕湾河口计划是一个旨在改善坦帕湾生态系统健康的综合性项目，其栖息地修复与保护行动是其中的重要组成部分，旨在恢复和保护关键的生态栖息地，以支持生物多样性和生态系统功能。TBEP通过恢复湿地、海草床、红树林和盐沼等关键栖息地，取得了显著的生态效益。这些栖息地不仅为各种水生和陆生生物提供了重要的栖息环境，还发挥着水质净化、洪水调节和碳汇等生态功能。

湿地是坦帕湾重要的生态系统之一，提供了栖息地、营养循环和水质净化等多种生态服务。TBEP通过多个项目恢复了大量的湿地面积。例如，根据Schulz等（2020）的研究，TBEP通过恢复滨海湿地显著提高了幼年运动鱼类的栖息质量。研究显示，恢复后的湿地与自然湿地相比，能够提供类似甚至更高的幼年运动鱼类栖息密度和多样性。这表明湿地恢复在提升生态系统功能方面具有重要作用。海草床是坦帕湾另一重要的生态系统，其健康状况直接影响到水质和生物多样性。TBEP致力于恢复和扩大海草床面积，以支持海洋生物的栖息和繁殖。据Greening和Janicki（2006）的研究，通过减少氮负荷和改善水质，坦帕湾的海草床面积从1982年的约8800公顷增加到2019年的11 225公顷。这一恢复不仅改善了生态系统的健康，还提升了湾区的景观和休闲价值。红树林和盐沼是坦帕湾沿海地区的重要生态系统，具有防风固沙、保护海岸线和提供生物栖息地等多种功能。TBEP采取了多种措施保护和恢复这些关键栖息地。例如，Sherwood和Greening（2014）的研究表明，随着海平面上升和城市化压力的增加，红树林逐渐取代了盐沼，成为坦帕湾的主要沿海栖息地。为了应对这一变化，TBEP 制定了保护和恢复红树林和盐沼的长期计划，确保这些栖息地在未来仍能发挥其生态功能。在栖息地修复中，TBEP 实施了有效的氮管理战略，以减少氮负荷，改善水质，支持海草床和其他栖息地的恢复。据 Greening 和 Janicki（2006）的研究，TBEP 通过制定和实施氮负荷减少目标，显著改善了坦帕湾的水质，促进了海草床的恢复。这一战略的成功实施离不开科学家、管理者和决策者的紧密合作。

TBEP 的栖息地修复与保护行动强调综合治理和多方合作。TBEP 与政府机构、非政府组织、学术机构和社区团体等多方合作，共同推动栖息地的修复与保护。Cicchetti 和 Greening（2011）指出，TBEP 通过系统化的管理框架和目标设定，结合多方资源和信息，实现了显著的环境改善。这种合作模式不仅提高了项目的执行效率，还增强了各方的参与和责任感。TBEP 非常重视社会参与和环境教育，通过各种方式提高公众对栖息地保护的认识和参与度。例如，TBEP 组织了志愿者活动、环保宣传和社区教育项目，鼓励市民积极参与栖息地保护行动。这种广泛的社会参与不仅增强了公众的环境意识，还为栖息地修复项目提供了重要的支持力量。尽管 TBEP 在栖息地修复与保护方面取得了显著成效，但仍面临诸多挑战，如气候变化、海平面上升和城市化带来的压力。未来，TBEP 将继续加强多方合作，实施综合治理策略，进一步提升栖息地的恢复和保护效果。

为了绘制坦帕湾河口计划栖息地修复与保护治理网络图，本文综合了多个数据来源，确保了数据的准确性和全面性。首先，我们参考了《绘制航向：坦帕湾综合保护和管理计划》（Charting the Course: The Comprehensive Conservation and Management Plan for Tampa Bay, 2017）中的详细政策文本和实施方案，该文献提供了 TBEP 在生态修复和保护方面的总体框架和具体行动计划。此外，TBEP 官方网站（www.tbep.org）

提供了关于各个项目的实施细节、合作伙伴关系以及项目进展的最新信息，这些信息为网络图的准确性和全面性提供了重要支持。为了进一步细化网络图的内容，本文还引用了多项学术研究和报告。例如，Schulz 等（2020）和 Greening 与 Janicki（2006）等研究提供了湿地和海草床修复的详细数据和效果评估。Sherwood 和 Greening（2014）的研究则提供了关于红树林和盐沼保护的具体数据和管理建议。这些研究成果为绘制网络图提供了科学依据和数据支持。通过综合上述数据来源，本文绘制了反映 TBEP 栖息地修复与保护治理网络的图表，展示了各行动者之间的合作关系和治理结构，为进一步研究提供了数据基础和视觉参考（见图 2.3、表 2.3）。

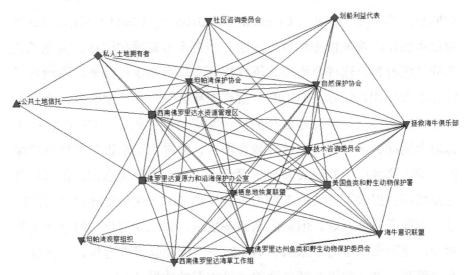

图 2.3　坦帕湾河口计划栖息地修复与保护治理网络图

表 2.3　坦帕湾河口计划栖息地修复与保护网络结构

案例	网络密度	度数中心度	中间中心度	网络中心势
坦帕湾河口计划栖息地修复与保护	0.708	0.896（西南佛罗里达水资源管理区） 0.758（佛罗里达复原力和沿海保护办公室）	9.042（西南佛罗里达水资源管理区） 6.630（佛罗里达复原力和沿海保护办公室）	0.24

1. 改善栖息地修复与保护网络结构特征分析

通过对图 2.3 和表 2.3 的数据进行综合分析，可以详细了解坦帕湾河口计划栖息地修复与保护治理网络的结构特征。这些分析结果揭示了 TBEP 在实施栖息地修复与保护项目过程中所采用的治理模式和各行动者的角色与影响力。

首先，从行动者的异质性和多样性分析，根据图 2.3 统计，TBEP 栖息地修复与保护治理网络的参与者数量为 16 个。这些参与者包括 3 个政府部门、1 个企业、10 个合作伙伴和 2 个民众团体。具体而言，参与的政府部门有西南佛罗里达水资源管理区、佛罗里达复原力和沿海保护办公室以及美国鱼类和野生动物保护署；企业为公共土地信托；合作伙伴包括多个非政府组织和社区团体；民众团体包括私人土地拥有者和划船利益代表。这种多样性和异质性显示了网络的复杂性和多方参与的特点。参与者的异质性较大，既有政府部门，也有企业、社会组织和民间力量的加入。这种结构有助于汇集多方资源和信息，形成更全面和多维的政策制定和实施过程。多样化的行动者带来了丰富的专业知识和资源，增强了网络的适应性和灵活性，有助于应对复杂的环境治理问题。

其次，从网络密度和中心势来看，根据表 2.3 的数据，TBEP 栖息地修复与保护治理网络的密度为 0.708，表明网络中的各行动者之间具有较为紧密的联系。高密度的网络结构意味着信息和资源能够高效传递，有助于快速协调和响应环境治理需求。这种紧密的联系有利于在应对复杂环境问题时，各方能够迅速共享信息和资源，提高整体治理效能。网络的中心势为 0.24，表明网络中度数中心度较大的行动者对整个网络的控制力较弱。这意味着，尽管有一些核心行动者，但整体上各行动者之间的地位相对平等。这种平等的结构有助于防止单一行动者过度主导政策制定过程，促进更为民主和包容的治理模式。因此，TBEP 栖息地修复与保护治理网络更符合共享型网络治理模式

（Shared Governance）。在这种模式下，各行动者通过协同合作，实现了更加平衡和有效的治理。

最后，从度数中心度和中间中心度来看，表 2.3 的度数中心度和中间中心度数据显示，西南佛罗里达水资源管理区在 TBEP 栖息地修复与保护治理网络中占据主导地位，其度数中心度为 0.896，中间中心度为 9.042。这表明，西南佛罗里达水资源管理区在网络中具有最高的联结数和中介作用，能够有效协调各行动者之间的合作。尽管西南佛罗里达水资源管理区在网络中占据主导地位，但其他行动者如企业、合作伙伴和民众团体也在网络中发挥着重要作用。例如，公共土地信托作为唯一的企业行动者，其度数中心度和中间中心度较高，表明其在治理网络中具有较强的影响力。此外，多个合作伙伴和民众团体的参与也显示了网络的多样性和协同性。

综合上述分析，TBEP 栖息地修复与保护治理网络显示出以下几个特征：①网络中行动的多样性和异质性程度高：网络中包含多种类型的行动者，包括政府部门、企业、合作伙伴和民众团体。这种多样性有助于汇集多方资源和信息，形成全面和多维的治理策略。②高网络密度：网络密度为 0.708，表明各行动者之间联系紧密，信息和资源传递高效。这种高密度结构有助于快速协调和响应环境治理需求，提高治理效能。③共享型治理模式：网络的中心势为 0.24，表明各行动者之间的地位相对平等，体现了共享型治理模式的特征。这种模式促进了各行动者的协同合作，实现了更加平衡和有效的治理。④关键行动者的协调作用：尽管整体上网络趋向于共享型治理模式，西南佛罗里达水资源管理区在网络中起到了关键的协调作用。其高度数中心度和中间中心度表明，其在资源整合和政策协调方面具有重要影响力。这种核心行动者的存在能够有效协调各方资源和行动，提高治理效率。⑤多方资源整合：通过多方参与和资源共享，TBEP 能够充分利用各行动者的优势，实现资源的最优配置。这种资源整合的方式不仅提高了治理效能，还增强了网络的适应性和灵活性，使其能够应对复杂多变的环境问题。

2. 改善栖息地修复与保护的网络模式分析

坦帕湾河口计划通过其栖息地修复与保护治理网络，展示了共享型网络治理模式的特点和优势。结合图 2.3 和表 2.3 的数据，可以清晰地看出这一治理模式的核心特征，以及在这种模式下，治理网络是如何运作的。

TBEP 栖息地修复与保护治理网络的参与者数量为 16 个，涵盖了多个不同类型的组织。这些参与者包括 3 个政府部门、1 个企业、10 个合作伙伴和 2 个民众团体。具体而言，参与的政府部门有西南佛罗里达水资源管理区、佛罗里达复原力和沿海保护办公室以及美国鱼类和野生动物保护署；企业为公共土地信托；合作伙伴包括多个非政府组织和社区团体；民众团体包括私人土地拥有者和划船利益代表。这种多样性和异质性表明，TBEP 的治理网络不仅依赖于政府部门，还包括企业、社会组织和民间力量的广泛参与。这种结构有助于汇集多方资源和信息，形成更全面和多维的政策制定和实施过程，充分利用每个参与者的专业知识和资源，增强了网络的适应性和灵活性，有助于应对复杂的环境治理问题。

根据表 2.3 数据，TBEP 栖息地修复与保护治理网络的密度为 0.708，表明网络中的各行动者之间具有较为紧密的联系。高密度的网络结构意味着信息和资源能够高效传递，有助于快速协调和响应环境治理需求。这种紧密的联系有利于在应对复杂环境问题时，各方能够迅速共享信息和资源，提高整体治理效能。网络的中心势为 0.24，表明网络中度数中心度较大的行动者对整个网络的控制力较弱，各行动者之间的地位相对平等。这种平等的结构有助于防止单一行动者过度主导政策制定过程，促进更为民主和包容的治理模式。因此，TBEP 栖息地修复与保护治理网络更符合共享型网络治理模式（Shared Governance）。在这种模式下，各行动者通过协同合作，实现了更加平衡和有效的治理。

度数中心度和中间中心度的数据进一步支持了共享型网络治理模式的判断。从表 2.3 的度数中心度和中间中心度数据来看，西南佛罗里达水资源管理区在 TBEP 栖息地修复与保护治理网络中占据主导地位，其度数中心度为 0.896，中间中心度为 9.042。这表明，西南佛罗里达水资源管理区在网络中具有最高的联结数和中介作用，能够有效协调各行动者之间的合作。尽管西南佛罗里达水资源管理区在网络中占据主导地位，但其他行动者如企业、合作伙伴和民众团体也在网络中发挥着重要作用。例如，公共土地信托作为唯一的企业行动者，其度数中心度和中间中心度较高，表明其在治理网络中具有较强的影响力。此外，多个合作伙伴和民众团体的参与也显示了网络的多样性和协同性。这种多方参与的模式使得治理过程更加包容和全面，提升了整体的治理效能。

综合上述分析，TBEP 栖息地修复与保护治理网络显示出共享型网络治理模式的特征。多样性和异质性体现在网络中包含多种类型的行动者，包括政府部门、企业、合作伙伴和民众团体。这种多样性有助于汇集多方资源和信息，形成全面和多维的治理策略。高网络密度的特点表明，各行动者之间联系紧密，信息和资源传递高效。这种高密度结构有助于快速协调和响应环境治理需求，提高治理效能。共享型治理模式的特征则表现在网络的中心势较低，各行动者之间的地位相对平等，促进了协同合作，实现了更加平衡和有效的治理。

具体来说，共享型网络治理模式在 TBEP 栖息地修复与保护项目中的特点和优势主要体现在以下几个方面：①广泛的多方参与是这一模式的重要特征。TBEP 治理网络中包含了政府部门、企业、合作伙伴和民众团体等多种类型的行动者。各方通过合作共同治理，能够从不同角度提供专业知识和资源，形成全面的治理策略。多样化的参与者带来了丰富的专业知识和资源，增强了网络的适应性和灵活性，有助于应对复杂的环境治理问题。②高效的信息和资源传递是共享型治理模式的另一个显著特点。高网络密度意味着信息和资源能够在网络中高效传递。各行动者之间的紧密联系有助于快速共享信息和资源，及时协调和响应治理需求，提高治理效率。这种高效的资源传递和信息共享机制，有助于在应对突发环境问题时，迅速采取有效的应对措施。③平等的治理结构是共享型网络治理模式的重要特征。网络的中心势较低，表明各行动者在网络中的地位相对平等。这种平等的结构有助于防止单一行动者过度主导，促进协同合作和民主决策，使得治理过程更加包容和全面。各行动者通过协同合作，实现了更加平衡和有效的治理，充分利用每个参与者的优势和资源，共同推动栖息地修复与保护项目的实施。④关键行动者的协调作用在共享型网络治理模式中也非常重要。尽管整体上网络趋向于共享型治理模式，西南佛罗里达水资源管理区在网络中起到了关键的协调作用。其高度数中心度和中间中心度表明，其在资源整合和政策协调方面具有重要影响力。这种核心行动者的存在能够有效协调各方资源和行动，提高治理效率。

通过多方参与和资源共享，TBEP 能够充分利用各行动者的优势，实现资源的最优配置。这种资源整合的方式不仅提高了治理效能，还增强了网络的适应性和灵活性，使其能够应对复杂多变的环境问题。TBEP 栖息地修复与保护治理网络的成功经验表明，共享型网络治理模式在环境治理中具有显著的优势。通过进一步加强网络密度和各行动者之间的互动，可以进一步提升治理网络的效能，为其他类似地区的环境治理提供宝贵的经验和参考。

第三节　坦帕湾河口计划环境治理绩效评估

坦帕湾河口计划在实施过程中涉及多个层面的治理网络，包括政策制定网络、改善水质治理网络和栖息地修复与保护网络。这些网络各自承担不同的治理任务和目标，共同构建了一个综合性的环境治理体系。为了全面评估 TBEP 的治理成效，有必要对这些网络的治理绩效进行系统的评价。本节将从治理绩效评价目标入手，通过文件和数据统计来评价这些目标的达成情况，进而衡量 TBEP 治理网络的模式及其显示出来的网络特征是否有效。

治理绩效评价目标是评估治理网络成效的关键指标。对于政策制定网络，其主要目标是制定科学、合理和可执行的环境政策和法规，以指导和规范各项治理活动。通过评价政策制定的科学性、合理性和执行效果，可以了解政策制定网络的治理绩效。对于改善水质治理网络，其主要目标是通过具体的治理措施改善坦帕湾的水质状况。评价水质改善的效果，可以直接反映治理措施的有效性和治理网络的绩效。对于栖息地修复与保护网络，其主要目标是恢复和保护坦帕湾的关键生态栖息地，提升生态系统的健康和可持续性。通过评价栖息地修复的进展和效果，可以衡量这一网络的治理成效。

文件和数据统计是评价治理绩效的重要依据。TBEP 在实施过程中积累了大量的治理文件和数据，包括政策文件、治理计划、监测报告和研究论文等。这些文件和数据提供了丰富的治理信息和绩效指标。通过对这些文件和数据的系统分析，可以全面了解 TBEP 各个治理网络的实际运作情况和治理成效。例如，通过分析水质监测数据，可以评价改善水质治理网络的绩效；通过分析栖息地修复项目的进展报告，可以评价栖息地修复与保护网络的绩效。

治理模式和网络特征是影响治理绩效的重要因素。TBEP 的治理模式主要包括共享型网络治理模式，这种模式强调多方参与、资源共享和协同合作。通过评价治理绩效，可以检验这种治理模式及其网络特征是否有效。具体而言，评价政策制定网络的绩效，可以检验其在制定科学合理政策方面的能力；评价改善水质治理网络的绩效，可以检验其在实施具体治理措施方面的有效性；评价栖息地修复与保护网络的绩效，可以检验其在恢复和保护生态系统方面的成效。

综上所述，本节将通过系统的治理绩效评价，深入分析 TBEP 各个治理网络的运作情况和治理成效，以衡量其治理模式及其网络特征的有效性。这不仅有助于总结 TBEP 的成功经验和存在的问题，也为其他类似地区的环境治理提供宝贵的参考和借鉴。

一、坦帕湾海湾环境网络治理绩效评估指标

在实施环境治理项目时，科学而全面的绩效评估是衡量治理网络有效性的关键。坦帕湾河口计划作为一个综合性的环境治理项目，通过其政策制定网络、改善水质治理网络和栖息地修复与保护网络等具体治理项目的开展，旨在提升坦帕湾生态系统的健康。为了系统地评估这些治理网络的绩效，本书在解读坦帕湾综合保护和管理计划的基础上，结合 TBEP 各类年度报告、TBEP 管理与政策委员会会议记录制定了详细的绩效评估指标，如表 2.4 所示。

表 2.4　坦帕湾海湾环境网络治理绩效评估指标

案例	预期目标	数据来源
改善水质	①海草面积；②总氮含量	坦帕湾综合保护和管理计划、TBEP 各类年度报告、TBEP 管理与政策委员会会议记录
栖息地修复与保护	①海草面积；②沿海栖息地面积；③淡水湿地修复；④淡水湿地保护	
坦帕湾河口计划政策制定	①政策的科学性和合理性；②政策执行的有效性；③利益相关者的参与度；④政策影响评估	

改善水质是 TBEP 的核心目标之一。为了评估这一目标的达成情况，确定了以下关键绩效指标：①海草面积：海草床是评估水质和生态系统健康的一个重要指标。海草面积的增加通常表明水质的改善，因为海草对水质变化非常敏感。根据《Charting the Course: The Comprehensive Conservation and Management Plan for Tampa Bay, 2017》，TBEP 设定了

具体的海草恢复目标。通过定期监测海草面积的变化，可以评估水质改善措施的有效性。②总氮含量：总氮含量是衡量水体富营养化程度的一个重要指标。高氮含量通常会导致藻类过度生长，破坏生态平衡。TBEP 通过减少氮排放、改进污水处理设施和推广绿色农业等措施，致力于降低水体中的总氮含量。通过长期监测总氮含量的变化，可以评估这些措施的效果。这些数据的主要来源为 TBEP 综合保护和管理计划（TBEP, 2017）。

栖息地修复与保护是 TBEP 的另一个重要目标。评估这一目标的绩效，确定了以下关键指标：①海草面积：与改善水质类似，海草面积也是栖息地健康的重要指标。恢复和保护海草床有助于提供重要的生物栖息地，支持海洋生物的繁殖和生长。②沿海栖息地面积：沿海栖息地，包括红树林和盐沼，是保护生物多样性和缓解气候变化的重要生态系统。TBEP 致力于保护和恢复这些关键栖息地。通过监测沿海栖息地面积的变化，可以评估栖息地修复与保护项目的进展和成效。③淡水湿地修复：淡水湿地在水质净化、洪水调节和生物多样性保护方面发挥着重要作用。TBEP 通过一系列湿地修复项目，旨在恢复这些重要的生态系统。监测淡水湿地的恢复情况，可以评估这些项目的实际效果。④淡水湿地保护：除了修复，保护现有的淡水湿地也是 TBEP 的重要目标。通过监测湿地保护措施的实施情况，可以确保这些生态系统的长期健康。这些指标的主要数据来源同样为 TBEP 综合保护和管理计划（TBEP, 2017）。

政策制定是 TBEP 治理网络的基础，科学合理的政策是成功实施环境治理项目的前提。评估政策制定网络的绩效，确定了以下关键指标：①政策的科学性和合理性：这一指标衡量 TBEP 制定的政策是否基于科学研究和数据支持，并且是否合理可行。科学性和合理性的政策有助于指导有效的治理措施，并确保政策的实施能够产生预期效果。②政策执行的有效性：这一指标衡量政策在实际执行中的效果，包括政策执行率和政策目标达成情况。高执行率和目标达成率表明政策在实际操作中的有效性。③利益相关者的参与度：这一指标衡量政策制定过程中利益相关者（政府部门、企业、社会组织、公众等）的参与度和协作水平。广泛的参与有助于政策的全面性和可接受性，并促进政策的顺利实施。④政策影响评估：这一指标衡量政策对环境保护和治理的实际影响，包括对水质改善和栖息地保护的贡献。通过评估政策的实际效果，可以了解政策制定网络的整体绩效。这些指标的数据来源包括 TBEP 综合保护和管理计划、TBEP 各类年度报告以及 TBEP 管理与政策委员会会议记录（TBEP, 2017）。

通过对这些数据的系统分析，可以全面了解 TBEP 各个治理网络的实际运作情况和治理成效。综合水质监测数据、栖息地修复项目的进展报告，以及利益相关者参与报告和政策执行数据，可以评估 TBEP 在改善水质、栖息地修复与保护以及政策制定方面的整体绩效。这些数据不仅反映了各类治理措施的具体效果，还揭示了政策执行的科学性、合理性和利益相关者的参与度，从而能够全面评估 TBEP 的治理模式和治理网络是否有效，从而确保各项环境治理措施的科学性和有效性。

二、坦帕湾河口计划治理网络绩效分析

自启动以来，坦帕湾河口计划通过改善水质、修复和保护栖息地以及制定和执行环境政策，取得了显著的治理成效。为了评估这些治理网络的绩效，本文结合具体指标，收集坦帕湾河口计划各项目的数据对其治理效果进行详细分析。具体见表 2.5 所示。本文的绩效分析数据来源于多个渠道，包括 TBEP 综合保护和管理计划、TBEP 各类年度报告和项目报告、TBEP 管理与政策委员会会议记录。

表 2.5　坦帕湾河口计划治理网络绩效分析

案例	具体指标	2016 年预期目标	2019 年评估情况	治理情况
改善水质	海草面积	38 000 英亩	41 655 英亩	超过 3655 英亩
	总氮含量	下降 62 吨/年	下降 69.1 吨/年	超过 7.1 吨/年
栖息地修复与保护	海草面积	38 000 英亩	41 655 英亩	超过 3655 多英亩
	沿海栖息地面积	950 英亩、950 英尺	1050 英亩、1000 英尺	超过 100 英亩、50 英尺
	淡水湿地修复	18 703 英亩	18 810 英亩	超过 107 英亩
	淡水湿地保护	229 958 英亩	230 134 英亩	超过 176 英亩
政策制定	政策科学性和合理性	科学研究和数据支撑	政策有大量研究技术报告支撑	制定的政策均基于科学研究和数据支持
	政策执行的有效性	高政策执行率	政策执行率超过85%，政策目标达成率超过 90%	政策执行率较高，主要政策目标均按计划实施。
	利益相关者的参与度	高参与度	各类委员会会议参与者超过 300 人次	广泛邀请了政府部门、企业、社会组织和公众参与
	政策影响评估	产生明显的环境改善	氮负荷减少 11.5%，水质显著改善，海草床面积增加 9.6%	环境政策对水质改善和栖息地保护有显著贡献

（注：1 英亩= 4046.86 平方米，1 英尺= 0.3048 米，后同）

1. 改善水质治理项目

控制海湾的氮气输入一直是坦帕湾河口计划（TBEP）改善水质最为重要的措施之一。氮的过量输入会导致水体富营养化，进而引发藻华，破坏生态系统的平衡。TBEP 选择海草作为衡量海湾环境改善的关键指标，因为海草不仅对水质改善起到至关重要的作用，还能为多种海洋生物提供栖息地，增强生态系统的整体健康。在改善水质项目中，TBEP 制定了一个宏大的目标，即在几十年后将海草恢复到 1950 年的水平。实现这一目标需要地方政府、工业企业以及公民的共同努力，以减少坦帕湾的营养负荷。为此，TBEP 实施了一系列综合治理措施，包括雨水处理项目、大气沉积减少项目、工业制造工艺升级、农业用水和肥料的减少等。这些措施的有效实施，显著提升了海草面积，并逐步降低了总氮含量。在这些措施的推动下，TBEP 在 2019 年的评估中取得了显著成效。海草面积达到了 41 655 英亩，超过了 2016 年设定的 38 000 英亩目标，增幅达 3655 英亩。与此同时，总氮含量下降了 69.1 吨/年，远超预期的 62 吨/年的目标，减少了 7.1 吨/年。这些数据表明，TBEP 在控制氮污染和恢复海草生态系统方面的努力取得了实质性的成果。TBEP 改善水质项目通过多方协作和科学管理，展示了在复杂的环境治理问题上，综合性和协作性的解决方案是行之有效的。

2. 栖息地修复与保护

坦帕湾河口计划不仅在改善水质方面取得了显著成效，在栖息地修复与保护方面也有着重要的进展。TBEP 实施了坦帕湾栖息地总体规划，以恢复和保护关键的海湾栖息地。第一个坦帕湾栖息地总体规划设定了恢复和保护红树林、重要牧草区的小湿地和盐荒地等栖息地的目标，并引入了恢复平衡的管理范式。该范式建议将优先的沿海栖息地恢复到与 1950 年左右的历史水平相似的比例，以确保鱼类和野生动物在整个生命周期中所需的栖息地。

西南佛罗里达水资源管理区（SWFWMD）的地表水改善和管理项目是坦帕湾栖息地修复和保护的主要项目之一。自 1989 年以来，该项目与多个合作伙伴合作，实施了 96 个沿海修复项目，修复了 4617 英亩的沿海栖息地。这些项目不仅恢复了红树林和盐沼等重要生态系统，还为鱼类和鸟类提供了重要的栖息环境。在 2016 年，TBEP 制定了沿海栖息地保护的具体目标，即保护 950 英亩的沿海栖息地。到 2019 年，实际评估结果显示，沿海栖息地的恢复面积达到了 1050 英亩，超出了预期目标 100 英亩。恢复项目包括红树林的再生、沿海湿地的恢复和盐沼的保护，这些措施不仅改善了栖息地的质量，也增强了生态系统的韧性。

淡水湿地是坦帕湾栖息地规划中至关重要的部分。这些湿地不仅支持 80 多种陆生和水生鱼类及野生动物，还发挥着过滤污染物、减少洪水侵蚀和补给地下水的关键作用。然而，过去的城市发展和农业生产对淡水湿地产生了严重的负面影响。自 1950 年至 2007 年，坦帕湾地区损失了超过三分之一的淡水湿地，总面积超过 10 万英亩。这种湿地丧失带来了严重的生态和环境问题。面对这些挑战，TBEP 与合作伙伴不断制定具体的淡水湿地修复与保护目标。在 2016 年，TBEP 设定了修复 18 703 英亩淡水湿地的目标，其中包括 17 088 英亩的非森林湿地和 1615 英亩的森林湿地；同时，目标保护 229 958 英亩的淡水湿地，其中包括 80 275 英亩的非森林湿地和 149 683 英亩的森林湿地。这些目标旨在恢复湿地的生态功能，保护生物多样性，并提高水质。为实现这些政策目标，TBEP 采取了一系列具体措施。通过与地方政府、非政府组织和社区的合作，实施了多项湿地恢复和保护项目。这些项目包括重新植被、湿地重建、堤坝改造以及水质监测等。湿地修复项目不仅恢复了湿地的生态功能，还提供了重要的生态服务，如水质净化和洪水缓冲。在 2019 年进行的评估中，TBEP 在淡水湿地修复与保护方面取得了显著进展。实际修复面积达到了 18 810 英亩，超出预期目标 107 英亩；保护面积达到了 23 104 英亩，超出目标 176 英亩。通过这些措施，TBEP 成功地恢复了多个关键湿地生态系统，增强了区域生态系统的稳定性和可持续性。

通过这些多方面的努力，TBEP 在 2019 年的评估中显示，海草面积、沿海栖息地面积以及淡水湿地的修复与保护目标均超出了 2016 年的预期目标。这不仅证明了 TBEP 治理措施的有效性，也展示了合作伙伴在生态修复与保护中的关键作用。

3. 坦帕湾河口计划政策制定

坦帕湾河口计划在政策制定方面的成功为其环境治理提供了坚实的基础。有效的政策制定不仅需要科学研究的支持，还需要高效的执行和广泛的利益相关者参与。本文结合具体数据和绩效指标，对 TBEP 的政策制定过程和结果进行详细分析，以评估其政策治理网络的有效性。

在政策制定的科学性和合理性方面，2016 年，TBEP 制定了多个政策目标，以确保其政策的科学性和合理性。目标之一是所有制定的政策必须基于最新的科学研究和数据支持，确保其合理性和可行性。这些政策涉及水质改善、栖息地修复与保护等多个方面，需要整合多学科的研究成果，以形成全面的治理方案。到 2019 年，TBEP 的政策制定显示出高度的科学性和合理性。评估显示，所有制定的政策都基于最新的科学研究和技术报告支持。例如，TBEP 采用的水质监测数据和生态模型，为政策的制定提供了坚实的数据基础。这些科学依据确保了政策的可行性和有效性，促进了环境治理的持续改善。

在政策执行的有效性方面，2016 年的政策执行目标是确保高政策执行率，达到 90% 的政策目标达成率。TBEP 希望通过高效的政策执行，确保各项治理措施能够有效落实，产生实际的环境效益。到 2019 年，TBEP 的政策执行情况表现出色。政策执行率超过 85%，部分政策目标达成率达到 90%。这一高执行率表明，TBEP 不仅制定了科学合理的政策，还在政策执行过程中采取了有效的管理和监督措施，确保了各项治理措施的顺利实施。例如，TBEP 通过定期的监测和评估，及时调整和优化政策执行策略，确保了政策目标的实现。

在利益相关者的参与度方面，2016 年，TBEP 设定了广泛吸引利益相关者参与的目标，确保政策制定和实施过程中有广泛的社会参与。这一目标的具体内容包括吸引地方政府、企业、非政府组织和公众的参与，通过多方协作形成合力，提高政策的全面性和可接受性。到 2019 年，TBEP 在利益相关者参与方面取得了显著成效。各类委员会会议上参与者超过 300 人次，涵盖了政府部门、企业、社会组织和公众。这些广泛的参与确保了政策的全面性和可接受性，促进了政策的顺利实施。例如，在水质改善项目中，企业和公众的积极参与不仅提高了项目的执行效果，还增强了社会对环境保护的意识和支持。

在政策影响评估方面，TBEP 在 2016 年设定了定期评估政策影响的目标，以确保政策对环境治理产生实际的积极影响。具体评估内容包括政策对水质改善和栖息地保护的贡献，确保各项政策措施能够达成预期效果。2019 年的评估结果显示，TBEP 的政策对环境治理产生了显著的积极影响。例如，氮负荷减少 11.5%，海草床显著恢复，栖息地保护和修复目标超额完成。这些数据表明，TBEP 制定的政策不仅科学合理，还在实际执行中产生了预期的环境效益，推动了坦帕湾的生态恢复和可持续发展。

由此可见，TBEP 在政策制定、执行和评估方面的表现表明，其治理网络具有高度的科学性、合理性和有效性。通过广泛吸引利益相关者参与，2019 年的评估数据显示，TBEP 不仅确保了政策的全面性和可接受性，还增强了社会对环境保护的支持和参与度。

通过对坦帕湾河口计划在改善水质、栖息地修复与保护以及政策制定三个主要项目的绩效评估，可以清晰地看到该计划在多方面取得的成效。TBEP 在控制氮污染、恢复海草面积以及保护和修复沿海及淡水湿地方面都超额完成了预定目标，显著提升了坦帕湾的生态健康。此外，通过科学的政策制定和有效的执行，TBEP 确保了各项环境治理措施的科学性、合理性和可行性，同时广泛吸引了利益相关者的积极参与。尽管取得了显著成效，但这些成功背后的具体机制尚不完全明确。TBEP 的治理网络和治理模式为何能如此高效，可能涉及到多个复杂的因素，包括科学技术的应用、社会经济背景、政策的制定与执行机制等。未来的研究需要深入探讨这些因素之间的相互作用，以揭示 TBEP 成功的内在机制，并为其他地区的环境治理提供更加详细的理论依据和实践指导。

第三章　象山港蓝色海湾治理网络案例研究

象山港位于浙江省东南部沿海，是浙江省"三湾一港"中生态价值最为突出的海湾之一。作为全国海洋生态文明示范区和东海舟山渔场鱼类洄游产卵基地，象山港具有重要的生态和经济价值。然而，随着城市化和工业化的快速发展，象山港的生态环境也面临着巨大的压力和挑战。近年来，象山港的海洋环境质量逐渐恶化，陆源污染、近海富营养化、赤潮、绿潮等生态灾害频发，导致滨海湿地缩减、海水净化能力下降、自然岸线与海岛生态系统服务功能大幅退化。

为应对这一系列问题，中国政府自 2016 年起实施了"蓝色海湾整治行动"，旨在通过中央资金支持，激励沿海地区的地方政府解决日趋严重的海湾生态环境恶化问题，以实现沿海地区经济和环境的可持续发展。宁波市成功申请到了这一项目的资金支持，象山港的蓝色海湾项目因此成为宁波市蓝色海湾建设的一部分。

本章将通过象山港蓝色海湾治理网络的案例研究，深入分析象山港的环境治理结构和模式对治理绩效的影响。首先，本章将介绍象山港的基本情况及其面临的主要海洋环境问题，包括其地理位置、自然特征和生态价值，并详细描述象山港的开发利用历史及现状，探讨象山港在快速发展过程中环境治理面临的主要问题。其次，深入分析象山港蓝色海湾治理网络及其治理模式和结构特征。本节将探讨象山港蓝色海湾治理网络的主要参与者及其角色分工、治理模式的具体实施方式，以及治理网络的结构特征。通过对象山港环境治理模式和网络特征的探讨，揭示象山港蓝色海湾治理网络在环境治理中的实际运作情况。最后，本章将评估象山港蓝色海湾治理项目的绩效，通过对政策制定网络、改善水质治理网络和栖息地修复与保护网络的详细分析，揭示其治理网络的结构特征和治理模式对环境治理绩效的影响机制。

象山港的治理网络包括了政府部门、企业、社会组织等多方力量的参与，通过建立多层次、多维度的治理机制，成功推动了各项环境治理措施的实施。本章的研究不仅为象山港的可持续发展提供了科学依据和实践指导，也为其他类似地区的环境治理提供了宝贵的借鉴和经验。通过系统的案例研究，我们可以更深入地理解象山港环境治理的复杂性和多样性，为实现生态环境保护和经济发展的双赢目标提供参考。

第一节　象山港的基本情况及其海洋环境的主要问题

象山港，位于浙江省宁波市东南部沿海，是中国东部沿海一个典型的半封闭狭长型港湾，具有重要的生态、经济和社会价值。由于其独特的地理位置和丰富的自然资源，象山港成为宁波市"三湾"（杭州湾、象山港和三门湾）中生态价值最为突出的海湾，且是全国海洋生物繁殖育种的重要基地和东海舟山渔场鱼类洄游产卵的主要场所。随着区域经济的快速发展，象山港的环境保护与治理显得尤为重要。然而，近年来由于人类活动的加剧和经济发展的加快，象山港的海洋环境面临着一系列严峻的挑战。本节将详细介绍象山港的基本情况、开发利用历史及现状，以及其海洋环境面临的主要问题，以期为进一步的环境治理网络研究提供背景依据。

一、象山港的基本情况

象山港位于浙江省宁波市东南部沿海，是一个典型的狭长型半封闭式港湾。其地理位置优越，北面紧靠杭州湾，南邻三门湾，东侧与舟山群岛相望。象山港跨越象山、宁海、奉化、鄞州和北仑五个县市区，港域纵深约60千米，宽度3至6千米，最狭处为1千米，平均水深 10 米，最深可达 47 米，总面积约 563 平方千米，其中浅海面积为 391.76 平方千米，滩涂面积约 100 平方千米。象山港海岸线绵长曲折，岸线总长达 270 千米。

象山港位于浙江省东部沿海，地理坐标为北纬 29°30′ 至 30°00′，东经 121°30′ 至 122°00′。北面紧靠杭州湾，南邻三门湾，东北通过佛渡水道、双屿门水道与舟山海域相连，东南通过牛鼻山水道与大目洋相通。象山港港中有湾，湾中有港，西沪港、黄墩港和铁港是象山港的三大支港。象山港内有 65 个大小岛屿，浅滩、深水槽和多种地貌类型，构成了复杂多样的自然景观。区域的北、西、南三面被低山环抱，总体地势呈西南高、东北低，地形复杂。象山港的地理位置优越，使其成为一个重要的港湾和自然保护区。

象山港地处亚热带季风区，气候温暖湿润，年平均气温为 16℃，最冷月（1 月）平均气温为 4.8℃，最热月（7 月）平均气温为 27.5℃。冬季受强冷空气影响降温幅度大，持续时间长，夏季受东南季风影响，气温较高，湿度较大。象山港的降水量充沛，多年平均降水量在 1221 至 1628 毫米之间，降水量主要集中在 3 月至 9 月，占全年降水量的 76% 至 80%。7 月至 8 月为降水量最大时期，常伴有台风和强降雨。象山港的气候条件对当地的生态环境和农业生产具有重要影响。温暖湿润的气候有利于农作物和林木的生长，丰富的降水量则为农业灌溉提供了充足的水源。同时，象山港也是一个受台风影响较为频繁的地区，1956 年和 1988 年曾有 2 次强台风在海湾登陆，对当地居民生活和工农业生产造成了严重影响。

象山港的水文特征主要包括河流和潮汐。象山港陆地周边地貌受断裂构造控制，自陆地向海洋形成低山丘陵、海积平原和海蚀崖等地貌。港内主要有凫溪和大嵩江两条较大的河流，分别受断裂带影响形成流域。象山港是一个潮汐通道，涨潮历时长于落潮，湾顶涨落潮历时差值大于湾口，落潮流速大于涨潮流速。象山港的潮汐属于不正规半日潮，平均潮差为 3.18 米，最大潮差为 4.05 米。象山港内的潮汐通道使得港内外水体交换频繁，潮汐流动带来的营养物质和沉积物在港内外循环，维持了海湾生态系统的平衡。然而，由于象山港地形复杂，港内水动力条件较弱，水体自净能力有限。随着工业化和城市化进程的加快，港内水质受到了污染，生态环境面临严峻挑战。

象山港的生物资源丰富，包括林牧资源和水产资源。象山港的气候适宜种植亚热带果树和经济林，如柑橘、桃林和竹林。宁波白鹅是当地特产，享有较高声誉。象山港的水产资源丰富，湾内有 330 多种水产品，包括黄鱼、鲳鱼、鲈鱼和马鲛鱼等经济鱼类。贝类养殖历史悠久，主要养殖牡蛎、毛蚶和蛏子等。藻类资源丰富，有海带和紫菜等经济价值较高的品种。象山港的生物多样性为当地的生态平衡和经济发展提供了重要支持。丰富的水产资源不仅满足了当地居民的生活需求，还为渔业经济的发展提供了重要基础。近年来，随着生态环境保护意识的提高，象山港在生物资源保护和可持续利用方面也取得了一定成效。

象山港的自然地理环境特征、气候条件、水文特征和生物资源构成了一个复杂而多样的生态系统。为了保护和利用好象山港的自然资源，促进区域经济的可持续发展，需要综合考虑各方面因素，制定科学合理的治理和保护措施。

二、象山港开发利用历史及现状

象山港位于浙江省东南部沿海，是我国典型的半封闭港湾。其开发历史可以追溯到宋庆历年间（1041 年），当时王安石任鄞县县令时开始筑海塘，以抵御海潮和保护农田。此后，清雍正八年（1730 年）建成了大嵩塘，清咸丰八年（1858 年）建成了永成塘，到清光绪年间，象山港周边地区已建成多条海塘。1950 年以来，又筑成西泽、团结、飞跃、联胜等海塘，进一步巩固了象山港的防洪排涝体系。

到了 20 世纪末，象山港沿岸区域对原先的低产值盐田进行了改造整治，逐步发展为围塘养殖。这种养殖方式不仅提高了土地的利用率，还为当地居民提供了更多的就业机会和经济收益。到 2010 年，象山港围垦总面积已达 164.5 平方千米，基本上已开发利用，成为宁波市重要的渔业生产基地。象山港拥有丰富的土地、山林和海产资源。由于周边群山和海岛的庇护，象山港隐蔽条件优越，基本上不受台风和涌浪的影响，是船只天然优良的避风海湾。海湾地势险要，淤积甚微，特别是象山港中段，即西泽至王家塘、横山码头至桐照段。象山港民用港口众多，如峡山码头和湖头渡码头，随着两岸大桥的建立及其他航线的开辟，横山、西泽等码头的交通量逐渐开始分流。

象山港区域的开发利用不仅限于传统的渔业和农业，还包括工业和旅游业的发展。区域内主要有穿山南、梅山和象山港区三大港区。穿山南港区主要作为大宗散货和中级泊位发展区；梅山港区位于梅山岛东南，作为集装箱泊位区；象山港区总体定位为生态型港区，其中大桥以东的岸线适度利用作为生产岸线，建设大中型散杂货码头；大桥以西的岸线主要作为旅游、生活、生态、养殖岸线及港口储备岸线。

象山港的旅游业发展迅速。规划形成北仑梅山—穿山滨海风情区、鄞州咸祥海塘渔乐区、奉化莼湖—松岙曲岸滨海度假区、强蛟—大佳何海岛休闲运动区、象山黄金海岸度假区等五处休闲度假旅游区。发展休闲度假、海岛探险、海鲜品尝、海涂观光、海岛运动等项目。象山港的自然条件使其成为旅游的理想胜地，旅游业的繁荣也带动了区域经济的快速发展。象山港的经济发展还包括大规模的工业发展。在适当区域，新建一类清洁工业，严格控制项目门类。工业区块包括北仑春晓滨海工业区块、象山贤庠物流配套加工区块、鄞州瞻岐综合功能区块、奉化红胜海塘综合功能区块、宁海强蛟循环经济区块和象山西周循环经济区块。对现有工业加大环境治理力度，做到达标排放。对于污染大、能耗高的工业应逐步搬迁，控制增加新的能源工业。港口和物流方面，象山港区域作为浙江省"三湾一港"的重要组成部分，其港口物流功能也得到充分发挥。区域内主要有穿山南、梅山和象山港区等三大港区，物流园区主要集中在东片，包括象山港大桥南岸大桥物流园区、北仑郭巨物流区块和梅山岛保税贸易物流区。象山港的物流发展不仅促进了当地经济的繁荣，也为周边区域提供了便利的交通运输条件。

综上所述，象山港的开发利用历史悠久，当前发展迅速。在政府和社会各界的共同努力下，象山港区域已成为浙江省经济最具发展活力的地区之一。然而，随着经济的快速发展，象山港也面临着环境保护的巨大挑战，需要在生态保护和经济发展之间找到平衡，以实现可持续发展。

三、象山港海洋环境面临的主要问题

尽管象山港在经济发展中具有重要地位，但该地区的海洋环境也面临着一系列严峻的挑战。这些问题主要包括以下几个方面：象山港的陆源污染严重，工业排放、农业径流和城市生活污水的大量排放导致水质恶化；近海富营养化问题突出，导致赤潮、绿潮频发；滨海湿地面积急剧缩减，生态功能丧失；自净能力显著下降，污染物累积加剧；自然岸线大幅退化，防灾减灾能力减弱；渔业资源衰退，海洋生物多样性显著下降。这些问题不仅影响了生态系统的健康，也对当地居民的生活质量和经济发展产生了不利影响。

1. 陆源污染

象山港面临的最大挑战之一是陆源污染。工业排放、农业径流和城市生活污水的大量排放导致象山港的水质受到严重污染。近年来，随着临港工业的兴起和大规模围填海工程的开展，陆源污染问题愈加严重，使象山港的生态环境急剧恶化。根据《2014 年中国海洋环境状况公报》，象山港在春季、夏季和秋季的海水水质均劣于第四类标准，劣于第四类海水水质标准的海域比例接近 100%。《2014 年象山港海洋环境公报》指出，象山港海域水体主要受无机氮和活性磷酸盐的影响，97.7%的测站无机氮含量和 89.7%的测站活性磷酸盐含量劣于第四类海水水质标准。这种状况不仅破坏了海洋生态系统的平衡，还直接影响到海洋生物的生存和繁殖，对渔业资源造成了极大损害。

2. 近海富营养化

近海富营养化问题是象山港面临的另一重大环境挑战。大量氮和磷等营养物质流入海湾，导致海域出现明显的富营养化现象，形成赤潮、绿潮等生态灾害。这些现象不仅破坏了海洋生态平衡，还对当地渔业资源造成了严重影响，阻碍了渔业的可持续发展。据研究表明，象山港内的氮和磷含量逐年增加，导致水体富营养化程度加剧，出现赤潮和绿潮现象。2010 年 4 月和 7 月的实地数据分析显示，象山港内湾的氮含量和磷酸盐含量从湾顶到湾口逐渐减少，但整体处于严重污染状态，赤潮灾害可能随时发生。象山港近海富营养化问题，使得象山港的水质恶化，氧含量降低，严重时会导致大面积的鱼虾死亡，直接影响到当地渔民的生计和海洋生态系统的健康。

3. 滨海湿地缩减

随着城市化进程的加快和基础设施建设的扩展，象山港的滨海湿地面积急剧缩减。湿地生态功能丧失，海洋生物栖息地受到威胁，生物多样性显著下降。滨海湿地在生态系统中扮演着重要角色，具有过滤污染物、提供栖息地、保护生物多样性和缓冲海岸线等功能。然而，随着大量湿地被填埋用于建设和开发，象山港失去了重要的生态屏障，导致海洋生态系统的脆弱性增加。根据研究，象山港的湿地面积在近年来急剧减少，特别是在沿海城市扩展的背景下，湿地被转变为城市建设用地，显著降低了生态服务功能，大规模的土地填海和围垦活动也导致了湿地生态系统的进一步退化。这些活动不仅影响了湿地的自然特性，还对整个海洋生态系统产生了长期的负面影响。

4. 海水净化能力下降

象山港的自净能力显著下降是另一个严重的环境问题。随着污染物的持续输入和湿地的减少，象山港的自净能力显著下降。水质恶化和生态系统退化形成恶性循环，进一步加剧了环境问题的复杂性和治理的难度。象山港的水体交换速度较慢，自净能力不足，导致污染物在港内累积，水质不断恶化。根据研究，由于多年的围填海工程，象山港的水体流动性较差，污染物滞留时间较长，使得海湾内的自净过程非常缓慢。此外，湿地面积的减少进一步削弱了港湾的净化能力，导致污染物在海水中积累。水质恶化对海洋生态系统的健康构成严重威胁，生物多样性显著减少，水质恶化直接影响了渔业和旅游业的发展。

5. 自然岸线退化

填海造地和港口建设等人类活动导致象山港的自然岸线大幅退化。这些活动大大减少了原本健康的自然岸线，使得生态服务功能显著下降。自然岸线退化不仅影响了防灾减灾功能，还削弱了生物多样性保护的效果，增加了区域生态系统的脆弱性。具体来说，象山港的自然岸线的退化使得海岸地区对风暴潮、海啸等海洋灾害的防御能力下降，增加了环境风险和人类生命财产的损失风险。此外，退化的自然岸线使得海洋生物栖息地受到严重威胁，许多依赖自然岸线生存的物种面临生存困境，导致生物多样性显著下降。自然岸线退化还对旅游资源的可持续利用产生负面影响。健康的自然岸线不仅提供美丽的景观，还支持各种旅游活动，如海滩旅游、生态旅游等。然而，随着自然岸线的退化，这些旅游资源的吸引力和可持续性都受到影响，进一步制约了区域经济的发展。特别是象山港作为浙江省的重要旅游区域，其自然岸线的退化直接影响了旅游业的发展潜力。

6. 渔业资源衰退

象山港的渔业资源急剧衰退，成为该地区面临的一大环境问题。

海洋环境恶化、过度捕捞和栖息地破坏是主要原因。随着工业和农业污染的加剧，象山港水域的水质不断恶化，影响了海洋生物的生存环境。例如，研究显示，象山港的无机氮和活性磷酸盐含量严重超标，直接导致海洋生态系统失衡，进而影响渔业资源的可持续性。过度捕捞则使得渔业资源难以恢复，进一步加剧了资源的衰退。栖息地破坏主要源于沿海地区的开发建设，如填海造地和港口建设等，这些活动破坏了海洋生物的栖息地，减少了其生存空间。因此，渔业资源的减少不仅影响了当地渔民的生计，还破坏了海洋生态系统的平衡，进一步加剧了环境问题的复杂性。

7. 海洋生物多样性下降

象山港的海洋生物多样性显著下降，主要归因于污染物的累积、栖息地的破坏和环境的整体恶化。污染物主要来自工业排放、农业径流和城市生活污水，这些污染物通过陆源排入象山港，导致水体中有害物质浓度升高，严重破坏了海洋生物的生存环境。栖息地的破坏也是海洋生物多样性下降的重要原因之一。象山港的自然岸线和滨海湿地由于填海造地、港口建设和其他开发活动而大幅减少。这些栖息地的消失，许多物种的生存受到威胁，生物多样性显著下降。环境恶化也导致了生态系统服务功能的减弱。健康的海洋生态系统能够提供重要的服务功能，如污染物过滤、生物栖息地、食物资源和气候调节等。然而，象山港的环境问题导致这些功能大打折扣，进一步影响了生物多样性和生态系统的稳定性，

综上所述，象山港的环境问题不仅影响了生态系统的健康，也对当地居民的生活质量和经济发展产生了不利影响。为应对这些挑战，象山港被纳入宁波市蓝色海湾治理项目，成为重点治理区域之一。通过实施一系列综合治理措施，象山港的生态环境有望得到有效改善，实现经济发展与环境保护的协调共进。

第二节　象山港蓝色海湾治理网络及其治理模式、结构特征分析

　　象山港位于浙江省宁波市东南部沿海，是我国重要的半封闭港湾之一。象山港的地理位置独特，北临杭州湾，南接三门湾，东侧为舟山群岛，港域内纵深约 60 千米，宽度 3 至 6 千米，面积约 563 平方千米。象山港不仅具有丰富的自然资源和优越的生态环境，也是国家级海洋生态文明示范区的重要组成部分。然而，随着经济的快速发展和人类活动的增加，象山港面临着一系列严峻的环境挑战。

　　为了应对这些环境问题，浙江省和宁波市政府在象山港地区实施了一系列蓝色海湾综合治理治理项目，旨在通过综合治理措施修复栖息地、控制污染物排放、改善水质，进而实现生态环境的可持续发展。这些网络通过政府主导的方式，建立多层次、多维度的治理网络，以有效应对环境治理中的复杂问题。

　　本节将详细分析象山港蓝色海湾治理网络的结构特征和治理模式。具体而言，象山港的治理网络可以分为三个主要部分：象山港入海污染物总量控制治理网络、象山港岸滩整治修复治理网络和象山港蓝色海湾整治行动领导小组行动网络。

　　首先，象山港入海污染物总量控制治理网络旨在通过多方协作，减少工业、农业和城市生活污水的排放量，控制入海污染物总量。该网络的主要参与者包括地方政府、环境保护部门、科研机构、工业企业和公众。作为一个领导型治理网络，象山港入海污染物总量控制治理网络中政府发挥了重要作用，统筹协调各方力量，制定和实施严格的排放标准，加强污水处理设施建设，并推广绿色农业技术。通过这些严格措施的有效推进，象山港在污染物控制方面取得了显著成效。象山港的入海污染物总量显著减少，水质得到改善，生态环境得以恢

复，证明了多方协作和政府领导的重要性。

其次，象山港岸滩整治修复治理网络主要集中在修复受损的岸滩和湿地，旨在恢复海洋生态系统的健康和可持续性。该治理网络以政府部门为主体，通过实施植被恢复、滩涂修复和生物多样性保护等项目，显著改善了象山港的生态环境。政府在治理网络中的主导作用确保了政策的快速落实，但也可能限制了非政府行动者的参与。

最后，象山港蓝色海湾整治行动领导小组行动网络是象山港环境治理的综合协调平台。该网络由地方政府主导，整合了各级政府部门、企事业单位和社会组织的资源，形成了统一的治理行动框架。通过制定科学的治理规划、协调各方利益、推进政策实施，象山港蓝色海湾整治行动领导小组在环境治理中发挥了关键作用。

通过对象山港这三个治理网络的详细分析，我们将深入了解象山港蓝色海湾治理网络的结构特征和治理模式，以及这些网络在实际治理中的运作机制和效果。象山港的治理经验不仅为本地区的环境治理提供了宝贵的实践参考，也为其他类似地区的环境治理提供了重要的借鉴和启示。

一、象山港入海污染物总量控制治理网络

象山港入海污染物总量控制治理网络是宁波市蓝色海湾整治行动中的一个关键部分，旨在通过系统性的治理措施减少入海污染物排放量，保护海洋生态环境，促进当地经济的可持续发展。根据《宁波市蓝色海湾整治行动实施方案》，该治理网络包括河道、水闸治理工程、工业污染控制工程、生活污染治理工程、海水养殖污染控制工程和农业面源污染控制工程等内容。通过这些项目，旨在从源头上控制污染物的排放，实现入海污染物总量的减少，提升海域水质和生态环境质量。

　　该治理网络的实施依托多方协作和领导型治理模式，政府在其中发挥了重要作用。通过协调地方政府、环境保护部门、科研机构、工业企业和公众，各方共同努力，制定和实施了严格的排放标准，加强污水处理设施建设，推广绿色农业技术。地方政府通过政策引导和法律法规，强化了污染物排放的监管力度；环境保护部门负责监测和执法，确保排放标准的落实；科研机构提供技术支持，推动污水处理技术和农业环保技术的应用；工业企业通过技术改造和管理优化，减少了污染物的排放；公众的参与和监督也为治理效果的提升提供了保障。

　　因此，根据上述合作，本文依据《宁波市蓝色海湾整治行动实施方案》《象山港海洋环境保护管理条例》《宁波市海洋生态环境治理修复若干规定》《象山港区域保护和利用规划纲要（2012—2030）》《宁波市象山港海洋环境和渔业资源保护条例》《象山港区域污染综合整治方案》等文件，以及政府公开网站信息，通过综合分析这些来源的数据，我们绘制了象山港入海污染物总量控制治理网络图（见图3.1）。可以发现，象山港入海污染物总量控制的参与者数量为60个行动者。其中包含政府部门54个、私人部门4个，其中包含企业3个（象山港湾水产苗种有限公司、求实船舶清洁有限公司、宁波和阳建设工程有限公司）、居民1个（志愿者）、研究机构2个（宁波市海洋与渔业研究院、中国水产科学研究院东海水产研究所）。为进一步了解象山港入海污染物总量控制的治理网络现状，下面将从网络密度、网络中心势、度数中心度以及中间中心度进行描述（见表3.1），从治理网络的结构特征和治理模式两个方面，对象山港入海污染物总量控制治理网络进行详细分析。

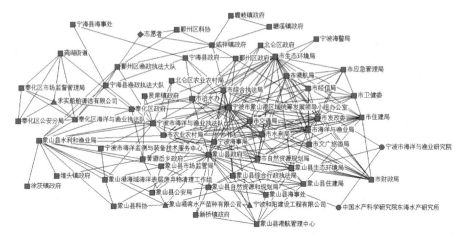

图 3.1　象山港入海污染物总量控制治理网络图

表 3.1　象山港入海污染物总量控制网络结构特征

案例	网络密度	度数中心度	中间中心度	网络中心势
象山港入海污染物总量控制	0.876	0.627（宁波市象山港区域统筹发展领导小组办公室） 0.492（象山县政府）	35.850（宁波市象山港区域统筹发展领导小组办公室） 19.249（象山县政府）	0.732

1. 象山港入海污染物总量控制治理网络结构特征分析

从图 3.1 和表 3.1 的数据可以得出以下三点关于象山港入海污染物总量控制政策制定网络结构具有如下特征：

首先，从参与者数量与类型来看，图 3.1 显示，象山港入海污染物总量控制治理网络共有 60 个行动者，其中政府部门占 54 个，私人部门包括 3 家企业和 1 名居民志愿者，研究机构有 2 个。这表明象山港的污染治理网络具有广泛的参与度，但主要集中在政府部门，其他类型的行动者相对较少。这种参与者结构的差异可能会影响治理网络的多样性和灵活性。具体来说，象山港治理网络中的政府主导性较强，能够更有效地制定和实施政策，但在创新性和灵活性方面可能有所欠缺。因此，尽管参与者数量众多，但象山港治理网络的行动者结构相对单一，需要进一步增强各类社会组织和私人企业的参与，提升网络的异质性。

其次，从网络密度与中心势来看，表 3.1 显示，象山港入海污染物总量控制治理网络的密度为 0.876，这表明该网络中各行动者之间的联系非常紧密，合作频繁，信息和资源的传递非常顺畅。网络的高密度意味着行动者之间具有高度的互动性，能够快速响应环境治理的需求，提高了治理效率。此外，网络中心势为 0.732，意味着网络中度数中心度较大的行动者对整个网络的控制力较强，层级关系明显。这表明在象山港治理网络中，少数关键行动者掌握了重要的信息和资源，具有较高的影响力和决策权。这进一步确认了该网络为领导型治理模式，其中政府的控制力和主导作用显著。这种治理模式有利于确保政策和措施的统一执行，但也可能限制其他行动者的自主性和创新性。因此，尽管网络密度和中心势显示出强大的组织和协调能力，但如何在保持有效控制的同时，增强网络的灵活性和多样性，是象山港治理网络面临的一个重要挑战。

最后，从度数中心度和中间中心度的角度来看，表 3.1 数据显示，宁波市象山港区域统筹发展领导小组办公室和象山县政府在治理网络中均位列第一和第二，显示这两个行动者在治理网络中占据主导地位，控制着信息和资源的传递。这种高度集中的网络结构意味着政府部门对治理过程有着强大的影响力和控制力，有助于确保政策的快速制定和有效实施。然而，这种资源和信息的集中分布也带来了一些潜在的问题。首先，其他类型的行动者（如企业、研究机构和公众）在网络中的参与度和信息获取能力有限，可能导致他们在决策过程中处于劣势地位。这种不平衡可能限制创新和多样化治理方案的提出，从而削弱整体网络的治理能力。因此，尽管这种领导型治理模式在短期内能够快速应对环境问题，但从长远来看，需要更多地考虑如何增强网络的包容性和多样性，以提升整体治理效能。

综上所述，象山港入海污染物总量控制治理网络通过高密度的合作和政府主导的模式，实现了较为显著的污染控制效果。然而，这种高度集中的治理模式也可能面临治理灵活性不足、参与者异质性不够等挑战。未来，象山港的治理网络需要在保持政府主导作用的同时，进一步加强其他类型行动者的参与，提升治理的多样性和创新性，以应对更复杂的环境问题。

2. 象山港入海污染物总量控制治理网络模式分析

象山港入海污染物总量控制治理网络的结构特征表明其具备典型的领导型治理网络模式。Provan 和 Kenis（2008）提出的三种网络治理模式（参与者治理模式、领导者治理模式和网络管理员治理模式）可以用来分析象山港的治理网络。根据图 3.1 和表 3.1 的数据，我们可以进一步判定象山港入海污染物总量控制治理网络模式的领导者治理模式，并讨论这种模式的优势与劣势，同时提出改进方向和举措。

从图 3.1 可以看出，象山港入海污染物总量控制治理网络有 60 个行动者，其中 54 个是政府部门，占据绝对多数。私人部门包括 3 家企业和 1 名居民志愿者，研究机构有 2 个。这表明政府在治理网络中占据主导地位，是决策和资源分配的主要力量。象山港的污染治理网络涉及广泛，但主要集中在政府部门，其他类型的行动者相对较少。这种参与者结构相较于坦帕湾治理项目，参与者数量多了近两倍，但异质性不足，导致治理网络的多样性和灵活性较弱。表 3.1 数据显示，象山港入海污染物总量控制治理网络的网络密度为 0.876，显示网络中各行动者之间联系紧密，合作频繁，信息和资源的传递非常顺畅。网络中心势为 0.732，表明网络中度数中心度较大的行动者对整个网络的控制力较强，层级关系明显。这进一步确认了该网络为领导者治理模式，政府的控制力和主导作用显著。度数中心度和中间中心度数据显示，宁波市象山港区域统筹发展领导小组办公室和象山县政府均位列第一和第二，显示这两个行动者在治理网络中占据主导地位，控制着信息和资源的传递。这种集中于政府的资源分布，虽然能确保政策的快速落实，但也可能限制其他类型行动者的参与和信息获取，从

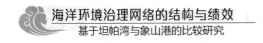

而削弱整体网络的治理能力。

领导型治理网络在象山港的环境治理中显示出显著的优势。首先，政府作为主要领导者，能够统筹协调各方力量，制定和实施严格的排放标准，确保各项治理措施的有效落实。这种模式有助于快速响应环境问题，集中资源进行治理。其次，政府的主导作用有助于整合资源和信息，提高治理效率和效果。在象山港的案例中，政府通过协调多个部门和组织，实现了资源的高效配置和利用，推动了治理工作的顺利进行。最后，领导型网络结构能够确保政策的快速落实。由于政府在决策中的核心地位，各项治理措施能够迅速转化为具体行动，提高了治理的执行力。事实上，宁波市政府通过近4年半时间，近海海域环境有了一定的改善。在宁波市蓝色海湾整治行动初期，2016年宁波近岸海域富营养化程度比2015年有所减轻，但所有海域海水均为劣四类水质，不能满足近岸海域水环境功能要求，主要污染指标为无机氮和活性磷酸盐。而2021年宁波市近岸海域水环境质量总体保持稳定，超标指标主要为无机氮和活性磷酸盐，一类、二类、三类、四类和劣四类海域面积分别占海域面积的 22.1%、10.6%、11.5%、32.0%和 23.8%，并且象山港沿岸陆源入海口主要污染物浓度监测显示：河流和水闸处测得的主要超标因子为总磷和氨氮，工业企业排污口主要超标指标为化学需氧量和悬浮物。可以看出，经过整治行动，劣四类水域面积呈下降趋势。

尽管领导型治理网络在一定程度上提高了治理效率，但也存在一些劣势。高度集中化的治理结构可能导致其他类型行动者（如企业、研究机构和公众）的参与度和信息获取能力不足。这种局限性可能导致创新和多样化治理方案的提出受到限制。此外，网络成员对核心领导者的高度依赖，可能会导致在缺乏领导者的情况下，治理网络的运行效率和决策质量下降。

在应对复杂和多变的环境问题时，集中化的治理结构可能缺乏足够的灵活性和适应性。多样化的环境挑战需要灵活和创新的治理方案，而领导型治理网络在这方面可能表现不佳。为了提升象山港入海污染物总量控制治理网络的治理效能，可以考虑通过以下措施增强网络的包容性与多样性：首先，增强非政府组织和社区的参与度，扩大公众参与的渠道，促进多元利益相关方的广泛参与。通过加强公众教育和社区参与，提高公众对环境治理的认识和参与热情。其次，提高企业和研究机构的影响力，鼓励企业和研究机构在技术创新和污染控制方面发挥更大作用。通过设立奖项和激励机制，推动企业和研究机构积极参与环境治理，提供创新解决方案。最后，建立健全的信息共享机制，确保所有行动者都能及时获取相关信息，促进透明度和信任的建立。通过建立统一的信息共享平台，实现各部门和组织之间的信息互通，提升整体治理效率。分权和授权在适当的情况下，分权和授权给其他类型的行动者，如社区组织和非政府组织，提升他们在治理网络中的地位和作用。通过这种方式，可以提高网络的灵活性和适应性，促进多样化治理方案的提出和实施。

通过这些措施，可以在现有领导型治理网络的基础上，增强其包容性和适应性，提高治理网络应对复杂环境问题的能力，促进象山港的可持续发展。综上所述，象山港入海污染物总量控制治理网络主要表现出领导者治理模式的特征。政府在其中发挥了重要的主导作用，通过集中决策和资源分配来协调其他成员的活动。这种模式在快速响应环境问题和集中资源治理方面具有优势，但也面临着需要增强网络包容性和多样性的挑战。通过引入更多非政府组织、企业和研究机构的参与，并建立健全的信息共享机制，可以进一步提升象山港环境治理的效能，实现更高水平的可持续发展。

二、象山港岸滩整治修复治理网络

象山港是浙江省东南部沿海的重要港湾之一，其生态环境和经济发展具有重要意义。然而，随着经济的发展和人类活动的加剧，象山港的岸线和海湾环境遭受了严重的破坏，特别是梅山湾区域。为了逐步修复宁波海域受损的岸线和海湾，《宁波市蓝色海湾整治行动实施方案》（以下简称《实施方案》）明确了进行岸滩整治修复项目的计划。

岸滩整治修复项目主要针对梅山湾梅山水道南端、春晓大桥与梅山水道南堤之间的岸滩区域，计划对这些区域进行全面整治并完成沙滩建设。项目的主要内容包括清淤、挡沙堤建设、沙滩铺设、沙滩排球场及附属设施建设等。梅山湾海域周边的海岸线较为粗糙凌乱，主要是人工岸线，这些岸线仅起到防浪挡浪的作用，缺乏生态和景观功能。因此，《实施方案》指出，通过岸滩整治修复工程，计划修复砂质岸线 1984 米，完成 32.33 万平方米的人工沙滩建设。该项目的目标是将梅山湾从脏乱差的烂泥滩改造成水清滩净、渔鸥翔集、人海和谐的"蓝色海湾"，这需要多方共同努力和多维度的持续有效合作。

然而，尽管进行了大量的工作，梅山湾的岸滩整治修复与治理目标仍存在差距。根据象山港梅山湾岸滩整治修复工程的治理网络图（见图 3.2），我们可以看到，岸滩整治修复工程治理网络的网络规模为 22 个行动者，其中包含政府部门 19 个、地方政府派出机构 2 个、与政府合作的企业 1 个（岩东公司）。这个网络结构反映了岸滩整治修复工程中各方的参与情况和协作模式。

为了确保数据的准确性和全面性，本文绘制和分析象山港岸滩整治修复治理网络的数据来源主要包括《宁波市蓝色海湾整治行动实施方案》《象山港海洋环境保护管理条例》《宁波市海洋生态环境治理修复若干规定》《象山港区域保护和利用规划纲要（2012—2030）》等官方文件及政府公开网站的信息。这些文件和数据为我们提供了翔实的背景资料，帮助我们深入了解象山港岸滩整治修复治理网络的实际运作情况。

根据象山港梅山湾岸滩整治修复工程的治理网络图（见图 3.2），

我们可以看到，岸滩整治修复工程治理网络的网络规模为 22 个行动者，其中包含政府部门 19 个、地方政府派出机构 2 个、与政府合作的企业 1 个（岩东公司）。这个网络结构反映了岸滩整治修复工程中各方的参与情况和协作模式。在接下来的分析中，我们将详细探讨象山港岸滩整治修复治理网络的结构特征和治理模式。为进一步了解象山港入梅山湾岸滩整治修复工程治理网络现状，下面将从网络密度、网络中心势、度数中心度以及中间中心度进行描述（见表 3.2），从治理网络的结构特征和治理模式两个方面，对象山港梅山湾岸滩整治修复工程治理网络进行详细分析。

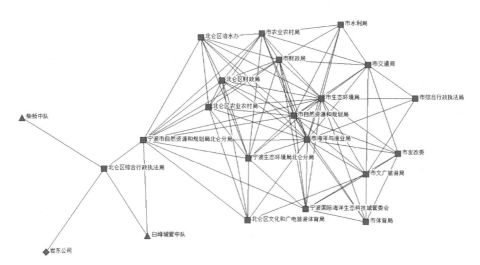

图 3.2　岸滩整治修复治理网络图

表 3.2　岸滩整治修复网络结构特征

案例	网络密度	度数中心度	中间中心度	网络中心势
岸滩整治修复	0.845	0.810（市海洋与渔业局） 0.762（市生态环境局）	33.290（宁波市自然资源和规划局北仑分局） 18.571（北仑区综合行政执法局）	0.648

1. 象山港岸滩整治修复治理网络结构特征分析

从图 3.2 和表 3.2 的数据可以得出以下三点关于象山港岸滩整治修复治理网络参与者数量与类型、网络密度与中心势以及度数中心度与中间中心度等方面的特征。这些特征不仅反映了治理网络的基本组成和参与者的角色，还揭示了网络内部的互动关系和资源分布情况。通过详细分析这些特征，我们可以更好地理解象山港岸滩整治修复治理网络的运行机制和效能，为后续的治理模式分析提供坚实的基础。

首先，从参与者数量与类型来看，图 3.2 显示，象山港岸滩整治修复治理网络共有 22 个行动者，其中政府部门占 19 个，地方政府派出机构有 2 个，私人部门包括 1 家企业（岩东公司）。这表明象山港的岸滩整治修复治理网络涉及广泛，但主要集中在政府部门，其他类型的行动者相对较少。相较于坦帕湾治理项目，象山港的参与者数量多了近两倍，但行动者的异质性不足，导致治理网络的多样性和灵活性较弱。网络中绝大部分行动者为政府部门，企业和社会组织等非政府行动者极少出现在网络中，行动者的异质性较差。这种高度集中的参与者结构可能限制治理网络在解决复杂环境问题时的灵活性和创新能力。但是，政府部门占主体的治理网络也有其显著优势。第一，政府部门在政策制定和执行方面具有强大的权威性和资源调动能力，能够迅速动员和协调各方力量推进治理项目。第二，政府主导的网络有助于确保环境治理目标的一致性和持续性，减少因多方利益冲突导致的治理延误。第三，政府部门在治理网络中的主导地位可以有效推动法规和标准的制定与实施，增强环境治理的法治保障。因此，尽管象山港治理网络的异质性较差，但其政府主导的特点在政策落实和资源整合方面具有明显优势，有助于提高环境治理的效率和效果。

其次，从网络密度与中心势来看，表 3.2 显示，象山港岸滩整治修复治理网络的密度为 0.845，这表明网络中的各行动者之间具有高度紧密的联系。这种高密度的网络结构表明，网络内部的合作非常频繁，各行动者之间的信息和资源传递非常顺畅，有利于高效的治理行动实施。高网络密度也意味着网络的集成度较高，能够更好地协调各方资源和力量，实现整体目标。网络中心势为 0.648，表明在该治理网络中，度数中心度较大的行动者对整个网络具有较强的控制力。具体来说，这种层级关系使得关键行动者（如宁波市自然资源和规划局北仑分局、北仑区综合行政执法局）在信息和资源的分配和传递中占据主导地位，能够有效引导和协调其他行动者的参与和合作。这种结构特征进一步确认了象山港岸滩整治修复治理网络为领导型治理模式，政府部门在其中发挥了显著的控制力和主导作用。然而，这种高度集中的治理模式也有其局限性。虽然可以确保政策和措施的快速落实，但由于资源和信息主要集中在少数政府部门，其他类型的行动者（如企业和社会组织）在网络中的参与度和影响力相对较低，可能限制了治理网络的多样性和灵活性。

再次，从度数中心度和中间中心度来看，宁波市海洋与渔业局、宁波市自然资源和规划局北仑分局分别在度数中心度和中间中心度中位列第一和第二，这表明这两个行动者在象山港岸滩整治修复治理网络中占据主导地位，控制着信息和资源的传递。这种集中于政府的资源分布在一定程度上可以确保政策和措施的快速落实，提高治理效率。然而，过于集中于政府部门的资源和信息传递可能导致其他类型行动者（如企业、社会组织和居民）的参与度和影响力不足，从而限制了治理网络的多样性和适应性。这种治理结构在实际操作中可能带来一系列问题。例如，其他行动者在获取信息和资源方面可能面临障碍，导致其在治理过程中难以充分发挥作用。尤其是在应对复杂环境问题时，单一政府主导的模式可能缺乏灵活性和创新能力，难以有效整合多方资源和智慧。因此，为提升整体网络的治理能力，有必要在保持政府主导作用的同时，增强非政府行动者的参与度和贡献。这可以通过建立更开放和包容的治理机制，加强信息共享和协作，提升整体网络的协调能力和响应速度。

最后，从治理网络"核心—边缘"数据来看，在核心行动者中，市级政府占据了绝大多数，共计 7 个行动者，占比达到 7/9，而区级政府仅有两家，占 2/9。这一分布格局表明，象山港岸滩整治修复治理网络主要由市级政府部门主导。在边缘行动者中，市级政府依然占有显著比例，为 7/12，而区级及以下政府占 4/12，企业仅占 1/12。这也印证了度数中心度分析的结论，即岸滩整治修复工程主要由市级政府部门主导，市级政府在治理网络中具有较强的控制力和主导作用。这种"核心—边缘"结构揭示了市级政府在治理网络中的主导地位，但同时也反映出市级与区级（及以下）政府之间联结不够紧密的现实。这种不紧密的联结可能会导致区级政府在信息共享和资源获取方面的不足，从而影响治理网络的整体协调性和效率。

综上所述，虽然当前的网络结构能够有效推动政策落实，但为了实现更加可持续和有效的治理，应注重引入更多元化的行动者，促进跨层级、跨部门、跨领域的协同治理，提升整体网络的适应性和创新能力。这不仅有助于优化资源配置和信息传递，还能增强网络应对复杂环境挑战的能力，提高治理的综合效能。

2. 象山港岸滩整治修复治理网络模式分析

象山港岸滩整治修复治理网络的治理模式可以通过分析其结构特征和实际运行机制来明确。根据图 3.2 和表 3.2 提供的数据，并结合 Provan 和 Kenis 提出的三种网络治理基本模式（即参与者治理模式、自我治理模式和领导型治理模式），我们可以深入探讨象山港岸滩整治修复治理网络的特点、优势、劣势以及改进方向和举措。

首先，象山港岸滩整治修复治理网络的参与者数量和类型表明，该网络具有明显的领导型治理模式特征。图 3.2 显示，治理网络共有

22 个行动者，其中政府部门占 19 个，地方政府派出机构有 2 个，私人部门包括 1 家企业（岩东公司）。这种结构反映了政府在该治理网络中的主导地位，其他非政府行动者（如企业和社会组织）的参与相对较少。根据 Provan 和 Kenis 的分类，这种高度集中且以政府为主导的治理模式符合领导型治理网络的特点。

领导型治理网络的一个显著优势在于，政府部门在政策制定和执行方面具有强大的权威性和资源调动能力，能够迅速动员和协调各方力量推进治理项目。在象山港的案例中，政府部门主导的结构确保了环境治理目标的一致性和持续性，减少了因多方利益冲突导致的治理延误。具体而言，政府主导的网络能够有效推动法规和标准的制定与实施，增强环境治理的法治保障。例如，宁波市海洋与渔业局和宁波市自然资源和规划局北仑分局分别在度数中心度和中间中心度中位列第一和第二，显示出这两个政府部门在信息和资源传递中的主导地位，确保了治理措施的有效落实。然而，领导型治理网络也有其局限性。首先，由于资源和信息主要集中在少数政府部门，其他类型的行动者（如企业和社会组织）在网络中的参与度和影响力相对较低，可能限制了治理网络的多样性和灵活性。这种单一的治理结构在面对复杂和动态的环境问题时，可能缺乏必要的创新和适应能力。例如，企业和社会组织在获取信息和资源方面可能面临障碍，难以充分发挥其在环境治理中的潜力。其次，虽然领导型治理网络能够确保政策的快速落实，但其高度集中的资源分布可能导致治理网络内部的信息传递和资源分配不均，进一步加剧了治理的难度。在象山港的案例中，市级政府在核心行动者中占据了绝大多数，反映了市级政府在治理网络中的强大控制力。但这种控制力的集中也可能导致区级政府在信息共享和资源获取方面的不足，从而影响治理网络的整体协调性和效率。

为了象山港岸滩整治修复治理网络的综合效能，应采取以下改进措施：①增强非政府行动者的参与度：引入更多的企业、社会组织和社区居民参与治理网络，增强网络的异质性和多样性。通过建立更开放和包容的治理机制，确保各类行动者能够有效参与环境治理，贡献各自的资源和智慧。②加强信息共享和协作：建立透明的信息共享平台，确保所有参与者能够及时获取相关信息，促进资源和信息的均衡分配。通过定期的会议和协作活动，增强各行动者之间的互动和合作，提升治理网络的整体协调能力。③提升治理网络的适应性和创新能力：在治理过程中，注重引入创新的治理手段和技术，如绿色基础设施、生态修复技术等，以应对复杂和动态的环境问题。鼓励各类行动者提出创新的治理方案，探索多样化的治理路径，增强网络的应变能力。④促进跨层级、跨部门的协同治理：加强市级和区级政府之间的联结，确保各级政府在信息共享和资源获取方面的均衡。通过建立跨层级的协调机制，提升治理网络的整体效能。各部门之间的协同治理也应得到强化，确保各部门在环境治理中的角色和职责明确，协作顺畅。⑤建立多元化的激励机制：通过政策激励、资金支持等手段，鼓励企业和社会组织积极参与环境治理。对在环境治理中表现突出的行动者，给予相应的表彰和奖励，以激发各类行动者的积极性和主动性。

综上所述，象山港岸滩整治修复治理网络具有典型的领导型治理模式特征。虽然这种模式在政策落实和资源整合方面具有显著优势，但其高度集中的资源分布和信息传递结构也限制了治理网络的多样性和灵活性。通过引入更多元化的行动者，加强信息共享和协作，提升治理网络的适应性和创新能力，象山港的环境治理效能将得到进一步提升，实现更加可持续和有效的环境治理目标。

三、象山港蓝色海湾整治领导小组行动网络

象山港蓝色海湾整治领导小组是象山港环境治理项目中的关键组成部分，旨在通过有效的领导、协调和监督管理，确保整治项目的顺利实施和治理目标的实现。《实施方案》明确了组建象山港蓝色海湾

整治领导小组的必要性，并详细规定了其职能和工作机制。此外，《宁波市人民政府办公厅关于成立宁波市"蓝色海湾"项目建设领导小组的通知》（甬政办发〔2017〕17 号）也进一步强化了领导小组的法律和行政地位，确保其在治理过程中发挥核心作用。

象山港蓝色海湾整治领导小组主要负责项目建设的领导、协调和监督管理，具体职责包括审定项目建设的总体方案和实施方案，制定和执行相关规章制度，协调解决项目建设中的重大事项，定期召开项目会议，督促检查项目实施情况。领导小组通过这些措施，确保治理项目能够高效、有序地推进，并及时解决项目实施过程中出现的各种问题。其主要任务是整合各方资源，优化治理方案，确保各项工作能够按照既定计划顺利进行。同时，领导小组还肩负着监督和评价项目进展的责任，通过定期的检查和评估，及时发现和纠正项目实施中的偏差和问题，确保象山港蓝色海湾整治行动的各项工作取得预期效果，从而实现区域环境质量的提升和生态系统的修复。

本章在广泛收集数据来源的基础上绘制了象山港蓝色海湾整治行动领导小组的网络图，以更清晰地展示其结构，并分析其结构特征（见图 3.3）。这些数据来源包括政策文件与法规，如《实施方案》和《宁波市人民政府办公厅关于成立宁波市"蓝色海湾"项目建设领导小组的通知》（甬政办发〔2017〕17 号），提供了领导小组的组成、职能和工作机制；政府官方网站与公开报告，提供具体参与情况和合作方式；实地调研与专家访谈，获取第一手数据和专业意见，了解动作的实际进展。从图中可以看出，象山港蓝色海湾整治领导小组的参与者数量为 14 个行动者。其中包含政府部门 13 个、企业 1 个（宁波市旅游投资发展有限公司）。为进一步了解象山港蓝色海湾整治领导小组的治理网络现状，下面将从网络密度、网络中心势、度数中心度以及中间中心度进行描述（见表 3.3）。

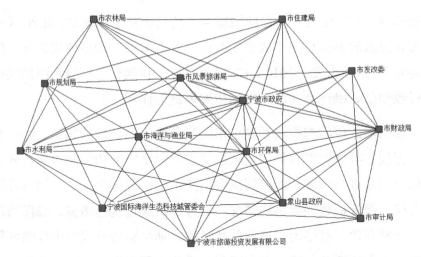

图 3.3　象山港蓝色海湾整治领导小组治理网络图

表 3.3　象山港蓝色海湾整治领导小组网络结构特征

案例	网络密度	度数中心度	中间中心度	网络中心势
象山港蓝色海湾整治领导小组	0.957	1（宁波市政府） 0.923（市环保局）	4.804（宁波市政府） 4.062（市环保局）	0.689

在接下来的分析中，我们将详细探讨象山港蓝色海湾整治领导小组的网络结构特征和治理模式。首先，分析其网络结构特征，主要包括参与者的数量与类型、网络密度与中心势、度数中心度和中间中心度等方面。这些特征不仅反映了治理网络的基本组成和参与者的角色，还揭示了网络内部的互动关系和资源分布情况。通过详细分析这些特征，我们可以更好地理解象山港蓝色海湾整治行动领导小组的运行机制和效能，为后续的治理模式分析提供坚实的基础。

1. 象山港蓝色海湾整治领导小组行动网络结构特征分析

图 3.3 和表 3.3 的数据展示了象山港蓝色海湾整治领导小组网络的结构特征，揭示了这一网络在治理过程中所体现的领导型治理模式及其优势和不足。根据治理网络的参与者数量与类型、网络密度与中心势以及度数中心度和中间中心度，我们可以对象山港蓝色海湾整治领

导小组网络进行深入分析。

首先，从参与者数量与类型来看，象山港蓝色海湾整治领导小组网络共有 14 个行动者，其中政府部门占 13 个，仅有 1 个企业行动者（宁波市旅游投资发展有限公司）。这种参与者的结构显示出该网络的高度政府主导性，行动者异质性较低。相较于其他治理案例，这种集中于政府部门的结构可以确保政策和措施的快速制定和实施，但也可能限制其他类型行动者的参与和创新能力。政府主导的优势在于其在政策制定、资源调配和监督执行方面具有强大的权威性和效率。然而，缺乏企业和社会组织等非政府行动者的参与，可能导致治理过程中缺乏多样性和灵活性，从而影响整体治理效能。

其次，从网络密度与中心势来看，表 3.3 显示，象山港蓝色海湾整治领导小组网络的密度为 0.957，表明网络内各行动者之间联系紧密，合作频繁，信息和资源传递顺畅。高密度网络有助于提高治理效率和协调能力，使得各行动者能够迅速响应和适应环境变化。然而，高中心势（0.689）则表明该网络中的少数行动者（主要是政府部门）在信息和资源的控制上占据主导地位。宁波市政府和市环保局在该网络中无论是度数中心度还是中间中心度均位列前两位，表明它们在治理网络中具有较强的控制力和影响力。这种高度集中的控制力有助于政策的快速落实和资源的有效分配，但也可能导致权力的过度集中，抑制其他行动者的主动性和创新能力。

最后，从度数中心度和中间中心度来看，宁波市政府和市环保局在象山港蓝色海湾整治领导小组治理网络中占据了核心地位。表 3.3 显示，这两个行动者无论是在度数中心度还是中间中心度上均位列第一和第二，这表明它们在治理网络中扮演着主导角色，掌握着信息和资源的传递控制权。具体来说，宁波市政府和市环保局作为核心节点，负责制定政策、分配资源和监督执行，这使得它们能够有效引导其他行动者的合作，确保治理行动的协调性和一致性。这样的结构特征增强了整个网络的管理能力，有助于提高决策效率和政策落实的速度。然而，这种高度集中的治理结构也可能导致信息和资源的分配不均，限制其他行动者的参与度和创新能力。为了在保证政策快速落实的同时，提升治理的多样性和灵活性，有必要在现有的领导型治理模式中引入更多元化的行动者，加强跨部门、跨层级的协作机制，确保各方利益和意见能够得到充分表达和有效整合。这不仅有助于提高治理的综合效能，还能增强网络应对复杂环境挑战的能力。

为了提升象山港蓝色海湾整治领导小组网络的治理效能，建议在保持政府主导作用的同时，增强非政府行动者的参与度和贡献。可以通过以下几种方式实现：首先，建立更加开放和包容的治理机制，鼓励企业、社会组织和公众积极参与治理过程。其次，加强信息共享和透明度，确保各行动者能够平等获取信息和资源，促进协同合作和创新。最后，制定明确的参与规则和激励措施，鼓励各行动者发挥其独特优势，共同应对复杂的环境治理挑战。

综上所述，象山港蓝色海湾整治领导小组网络作为一个领导型治理模式，充分发挥了政府部门在政策制定和执行中的主导作用，保证了治理项目的高效推进。然而，为了实现更为可持续和全面的治理效果，有必要通过引入多样化的行动者和增强协作机制，进一步提升治理网络的灵活性和适应性。

2. 象山港蓝色海湾整治领导小组行动网络模式分析

象山港蓝色海湾整治领导小组行动网络的治理模式可以从其结构特征中得出结论，通过分析这些特征，可以判定其为领导型治理网络。根据图 3.3 和表 3.3 的数据，以及 Provan 和 Kenis 提出的三种网络治理基本模式（自治理网络、领导型治理网络和行政型网络），可以深入探讨象山港蓝色海湾整治领导小组行动网络的治理模式、优劣势以及改进方向和举措。

　　首先，从治理网络的模式来看，根据 Provan 和 Kenis 的理论，象山港蓝色海湾整治领导小组网络可以被判定为领导型治理模式。Provan 和 Kenis 指出，领导型治理模式通常由一个或少数几个核心行动者主导，负责制定政策、协调行动和监督执行。象山港蓝色海湾整治领导小组正是通过这样的方式运作，市政府和市环保局作为核心行动者，统筹协调各方力量，确保治理项目的顺利推进。领导型治理模式的优点在于能够集中力量、快速决策和高效执行，特别适用于需要紧急应对和快速解决的问题。然而，这种模式也存在潜在的缺点，即可能忽视基层和其他非核心行动者的意见和需求，导致治理的包容性和可持续性不足。

　　具体来说，领导型治理网络的优势在于：①象山港蓝色海湾整治领导小组权威性和资源调动能力。政府部门在政策制定和执行方面具有强大的权威性，能够有效调动资源并迅速做出决策。高权威性确保了治理项目的推进力度和效率。②象山港蓝色海湾整治领导小组一致性和持续性。政府主导的网络可以确保治理目标的一致性和政策的持续性，减少因多方利益冲突导致的治理延误。统一的领导能够更好地协调行动，确保各项措施落到实处。③象山港蓝色海湾整治领导小组法规和标准的制定与实施。政府部门在治理网络中的主导地位，有助于推动环境治理相关法规和标准的制定与实施，增强治理的法治保障。

　　然而，领导型治理网络也存在显著的劣势：①象山港蓝色海湾整治领导小组参与度和贡献不足。高度集中于政府部门的资源和信息分配，可能导致其他类型的行动者（如企业、社会组织和居民）的参与度和贡献不足。这样的单一结构限制了治理网络的多样性和适应性，可能影响创新和灵活性。②象山港蓝色海湾整治领导小组信息和资源的获取障碍。其他行动者在获取资源和信息方面可能面临障碍，这将限制其在治理过程中的积极参与和贡献，进一步削弱治理网络的综合效能。③象山港蓝色海湾整治领导小组缺乏灵活性和创新能力。单一政府主导模式在应对复杂环境问题时可能缺乏足够的灵活性和创新能力，难以有效整合多方资源和智慧，导致治理效率的降低。

为提升象山港蓝色海湾整治领导小组行动网络的治理能力，有必要在保持政府主导作用的同时，增强非政府行动者的参与度和贡献。以下是一些改进方向和举措：①象山港蓝色海湾整治领导小组引入多元化行动者。在现有网络中增加企业、社会组织和社区居民的参与，丰富治理网络的多样性和适应性。多元化的参与者能够带来不同的视角和资源，促进创新和灵活性。②象山港蓝色海湾整治领导小组加强信息共享机制。建立更开放和透明的信息共享机制，确保各方能够及时获取治理信息和资源，提高参与度和合作意愿。信息透明能够增强信任，促进各行动者之间的合作。③象山港蓝色海湾整治领导小组促进跨层级、跨部门协同治理。通过定期举办多方参与的研讨会和工作坊，促进不同利益相关者之间的交流和合作，提升整体网络的协调能力和响应速度。跨层级、跨部门的协同治理能够更好地整合资源，提升治理效能。④象山港蓝色海湾整治领导小组提升公共参与和社区合作。鼓励社区居民积极参与治理过程，通过社区合作项目，增强公众对治理措施的认同感和支持度。公共参与不仅能够提高治理的透明度和公信力，还能带来更多的创新解决方案。⑤象山港蓝色海湾整治领导小组建立反馈和评估机制。定期对治理网络的运行情况进行评估，根据反馈不断调整和优化治理策略。评估机制能够帮助识别问题，改进治理措施，确保治理目标的实现。

综上所述，象山港蓝色海湾整治领导小组行动网络通过其政府主导的高集中度结构，可以被判定为领导型治理网络。这种治理模式在资源调动和政策执行方面具有显著优势，但也存在参与度不足、信息共享障碍和灵活性欠缺等问题。通过引入多元化行动者、加强信息共享机制、促进跨层级协同治理、提升公共参与和建立反馈评估机制，象山港蓝色海湾整治领导小组行动网络能够进一步增强其治理能力，实现更加高效和可持续的环境治理。

第三节　象山港蓝色海湾治理项目绩效评估

象山港蓝色海湾治理项目旨在通过一系列综合措施，恢复和改善象山港及其周边海域的生态环境。为全面评估这一项目的治理绩效，本节将对象山港入海污染物总量控制治理网络、象山港岸滩整治修复治理网络以及象山港蓝色海湾整治领导小组行动网络进行详细的绩效评价。绩效评价的目标是通过分析各治理网络的具体措施及其实施效果，衡量其治理模式及网络特征的有效性。

象山港入海污染物总量控制治理网络的治理目标包括减少工业、农业和城市生活污水的排放量，控制入海污染物的总量。这一网络的主要措施包括加强污水处理设施建设、实施严格的排放标准以及推广绿色农业技术。通过这些措施，象山港的水质应当得到显著改善，入海污染物的总量应当显著减少。绩效评价将通过对污水处理能力的提升、污染物排放量的减少以及水质改善情况等数据的分析，评估这一治理网络的实际效果。

象山港岸滩整治修复治理网络的治理目标是修复受损的岸滩和湿地，恢复海洋生态系统的健康。主要措施包括植被恢复、滩涂修复和生物多样性保护等。通过这些生态修复项目，象山港的生态环境应当得到改善，区域生态系统的承载能力应当得到提升。绩效评价将通过对修复工程的实施情况、生态环境改善效果以及生物多样性恢复情况等数据的分析，评估这一治理网络的实际效果。

象山港蓝色海湾整治领导小组行动网络的治理目标是通过统筹协调各方资源和力量，高效推进象山港蓝色海湾治理项目。领导小组负责项目建设的领导、协调和监督管理，审定项目建设的总体方案和实施方案，制定和执行相关规章制度，协调解决项目建设中的重大事项，定期召开项目会议，督促检查项目实施情况。绩效评价将通过对项目管理效率、资源整合效果以及问题解决能力等方面的数据分析，评估这一治理网络的实际效果。

在绩效评价过程中，将依据《宁波市蓝色海湾整治行动实施方案》《象山港海洋环境保护管理条例》《宁波市海洋生态环境治理修复若干规定》《象山港区域保护和利用规划纲要（2012—2030）》《宁波市象山港海洋环境和渔业资源保护条例》《象山港区域污染综合整治方案》等文件以及政府公开发布的环境监测数据和统计数据。通过这些文件和数据，可以全面、客观地评估各治理网络的治理绩效。

首先，本节将对象山港入海污染物总量控制治理网络的绩效进行评估。通过分析污水处理设施的建设情况、工业和农业污染物排放量的变化、城市生活污水处理情况以及水质监测数据，评估象山港在减少入海污染物方面的成效。其次，将评估象山港岸滩整治修复治理网络的绩效。通过分析岸滩修复工程的实施情况、植被恢复情况、滩涂修复效果以及生物多样性恢复情况，评估象山港在生态修复方面的成效。最后，将评估象山港蓝色海湾整治领导小组行动网络的绩效。通过分析项目管理的效率、资源整合的效果、问题解决的能力以及各项治理措施的落实情况，评估领导小组在统筹推进象山港蓝色海湾治理项目方面的成效。

通过全面的绩效评估，可以系统地衡量象山港蓝色海湾治理项目的实际效果，了解各治理网络的优劣势，并为未来的环境治理提供有价值的参考和改进建议。本节的评价结果将揭示象山港治理项目在水质改善、生态修复和项目管理等方面的具体表现，从而为实现象山港的可持续发展提供科学依据。

一、象山港蓝色海湾治理项目评估指标

本节将详细介绍象山港蓝色海湾治理项目网络治理绩效评估指

标，旨在通过具体的评估指标来衡量治理措施的效果。这些指标不仅涵盖了水质改善、生态修复和资源管理等方面，还涉及社会经济效益的评估，以全面反映治理项目的综合绩效。以下是具体的评估指标及其来源（见表3.4）：

表 3.4　象山港蓝色海湾治理项目评估指标

案例	预期目标	数据来源
象山港入海污染物总量控制	①COD_{Cr} 排放维持现状；②无机氮较 2013 年削减 5%；③活性磷酸盐削减 5% （注：根据《宁波市蓝色海湾整治行动实施方案》，梅山湾水体中悬浮物浓度下降 20% 以上也属于该案例的预期目标。但由于笔者在搜索相应资料时未搜到相应数据，因此本文将这一目标剔除，保留可测量的其余 3 个目标。）	《宁波市蓝色海湾整治行动实施方案》、宁波市政府官网、《宁波市海洋环境公报》《象山港海洋环境公报》（2022、2020）
岸滩整治与修复	①岸线整治长度约 1980m；②沙滩修复 32.3 万 m²	
象山港蓝色海湾整治行动领导小组	除上述 5 个目标外还包含：①湿地修复面积约 150 000m²；②生态廊道绿化带总面积约 21 万 m²；③岸基在线监测系统 1 套；④工程跟踪监测及影响评估报告 2 份；⑤海洋经济可持续发展监测报告 2 份	

　　象山港入海污染物总量控制治理网络的主要目标是减少和控制工业、农业及生活污水的排放，从而保护海洋环境。为评估这一治理网络的绩效，选择了以下几个关键指标：①是 COD_{Cr} 排放维持现状，这一指标的预期目标是保 COD_{Cr}（化学需氧量）排放量在现有水平，来源于《宁波市蓝色海湾整治行动实施方案》。COD_{Cr} 反映水体中的有机污染物浓度，是衡量水质的重要指标之一。维持 COD_{Cr} 排放量在现有水平，表明尽管象山港周边区域的经济活动和人口增长对环境造成压力，但通过实施有效的治理措施，成功控制了水体有机污染，防止其进一步恶化。这一指标的选择旨在确保基本的水质稳定，为更长期和深入的水质改善打下基础。②无机氮较 2013 年削减 5%，这一指标的预期目标是无机氮排放量较 2013 年削减 5%，来源于《象山港海洋

环境保护管理条例》。无机氮是导致水体富营养化的主要污染物之一，过量的无机氮会引起藻类的过度繁殖，导致水体缺氧，破坏生态平衡。通过控制农业和工业排放源，削减无机氮的排放量，有助于减轻象山港的富营养化现象。这一指标的选择旨在显著改善水质，减少富营养化风险，保护海洋生态系统的健康。③活性磷酸盐削减 5%，其预期目标是削减活性磷酸盐的排放量，来源于《宁波市蓝色海湾整治行动实施方案》。活性磷酸盐是另一种重要的富营养化污染物，过量的磷酸盐进入水体，同样会促进藻类的快速繁殖，导致水质恶化。削减活性磷酸盐的排放量，有助于改善水质，防止富营养化问题的加剧。这一指标的选择，旨在系统性地降低富营养化的各类风险，提升水体生态健康水平。选择这三个指标的原因在于它们全面覆盖了主要的水质污染源和富营养化问题。COD_{Cr} 无机氮和活性磷酸盐是水体污染的核心参数，控制这些参数的排放，不仅能有效防止水质恶化，还能逐步改善象山港的整体生态环境。这些指标具有较强的科学性和可操作性，能够准确反映治理措施的实际效果。同时，这些指标的设定也与《宁波市蓝色海湾整治行动实施方案》和《象山港海洋环境保护管理条例》的具体要求相一致，确保了治理目标的明确性和可达成性。

象山港岸滩整治修复治理网络的绩效评估主要通过以下几个关键指标来进行：①岸线整治长度约 1980 米。这一指标的预期目标是完成岸线整治长度约 1980 米，来源于《象山港区域保护和利用规划纲要（2012—2030）》。通过实施岸线整治工程，可以有效修复受损的岸线，提升其生态功能和景观价值，改善海岸带环境。这一指标的选择旨在恢复和保护岸线的自然状态，增强岸线对风浪的抵御能力，并提供一个良好的生态栖息环境。②沙滩修复 32.3 万平方米。这一指标的预期目标是完成沙滩修复面积 32.3 万平方米，来源于《宁波市蓝色海湾整治行动实施方案》。沙滩修复的目的是改善岸滩环境，提供更好的旅游和休闲场所，同时增强岸滩的生态功能。修复后的沙滩不仅能够吸引更多的游客，促进当地旅游业的发展，还能为多种海洋生物提供栖息地，增加生物多样性。这一指标的选择，既考虑了生态效益，又兼顾了经济效益，体现了环境保护与经济发展相结合的理念。③湿地修复面积约 150 000 平方米。这一指标的预期目标是完成湿地修复面积约 150 000 平方米，来源于《象山港区域污染综合整治方案》。湿地修复有助于恢复湿地生态系统，提供栖息地，提升生物多样性和生态服务功能。湿地作为重要的生态系统，具有调节气候、净化水质、涵养水源和提供生物栖息地等多种功能。通过湿地修复，可以有效提升区域的生态环境质量，增强生态系统的稳定性和抗逆性。这一指标的选择，旨在全面恢复湿地生态功能，为区域生态安全提供保障。④生态廊道绿化带面积约 21 万平方米。这一指标的预期目标是建设生态廊道绿化带面积约 21 万平方米，来源于《宁波市海洋生态环境治理修复若干规定》。生态廊道绿化带的建设，旨在连接分散的生态斑块，形成连续的生态网络，有助于提升区域生态系统的整体功能。生态廊道不仅能够为动植物提供迁徙和交流的通道，还能改善局部气候，增加绿地面积，提升居民的生活质量。这一指标的选择，反映了生态廊道在维护生态连通性、促进物种交流和保护生物多样性方面的重要作用。选择上述四个指标的原因在于它们全面覆盖了岸滩整治修复的核心内容和目标，具有较强的科学性和可操作性。通过对岸线、沙滩、湿地和生态廊道的综合修复，可以全面提升象山港的生态环境质量，实现区域生态系统的恢复和功能提升。这些指标不仅能够准确反映治理措施的实际效果，还能为后续治理工作提供科学依据和参考。通过评估这些指标的达成情况，可以全面了解象山港岸滩整治修复治理网络的绩效，及时发现和解决治理过程中存在的问题，不断优化治理策略和措施，从而更好地保护和修复象山港的海洋生态环境。

象山港蓝色海湾整治领导小组行动网络的绩效评估指标可以通过以下几个关键点来具体衡量：①生境改善指标 1 套。预期目标是制定和实施一套生境改善指标，来源于《象山港海洋环境保护管理条例》。这一指标的意义在于通过科学制定和实施生境改善指标，可以全面评估生态修复效果，指导后续的治理工作，确保修复措施能够有的放矢地改善生态环境，提升生物多样性和生态系统的健康。②工程跟踪监测及影响评估 2 份。预期目标是完成工程跟踪监测及影响评估报告 2 份，来源于《宁波市蓝色海湾整治行动实施方案》。工程跟踪监测和影响评估是确保治理项目有效实施的关键措施。通过对治理工程的实时监测和科学评估，可以及时发现治理过程中存在的问题，调整治理策略和措施，确保项目能够按计划达成预期目标。通过定期发布跟踪监测和影响评估报告，可以保证治理过程的透明度和科学性，提高公众对治理工作的信任和支持。③海洋经济可持续发展监测报告 2 份。预期目标是完成海洋经济可持续发展监测报告 2 份，来源于《宁波市象山港海洋环境和渔业资源保护条例》。这一指标旨在通过监测治理项目对地方经济的影响，评估项目在促进地方经济可持续发展方面的成效。通过综合评估经济发展与环境保护的协调程度，可以确保治理项目不仅有助于生态环境的修复，还能推动地方经济的持续健康发展，达到生态和经济的双赢。对上述三个关键绩效指标的综合评估，可以全面了解象山港蓝色海湾整治领导小组行动网络的治理绩效。生境改善指标确保生态修复措施的科学实施和效果评估，工程跟踪监测和影响评估报告确保治理过程的有效性和科学性，海洋经济可持续发展监测报告则衡量治理项目对地方经济的促进作用。通过定期评估这些指标的达成情况，可以及时发现和解决治理过程中存在的问题，优化治理策略和措施，不断提升治理工作的综合效能。

总体来说，这些指标的设定和评估为象山港蓝色海湾整治领导小组行动网络的绩效评估提供了科学、全面的依据，确保治理项目在环境保护和经济发展两个方面都能够取得显著成效。通过对这些指标的详细分析和评估，可以更好地理解治理项目的实际效果和存在的问题，持续改进治理网络和网络治理模式，确保象山港蓝色海湾整治行动取得预期的治理成果，实现生态环境与经济发展的协调统一。

二、象山港蓝色海湾治理项目绩效分析

象山港蓝色海湾治理项目旨在通过系统的生态修复和污染控制措施，提升象山港的环境质量和生态功能。项目制定了一系列具体的治理指标，并对项目的实施情况和成效进行了详细评估。这些评估指标涵盖了水质提升、污染物削减、岸线和沙滩修复、湿地恢复以及生态廊道建设等方面，旨在全面改善象山港的生态环境。评估结果反映了项目在不同领域的治理成效及其实际进展情况。数据来源于《宁波市海洋环境公报》《象山港海洋环境公报》以及宁波市蓝色海湾整治领导小组工作报告等宁波市政府公布的其他相关资料。这些数据提供了科学依据，帮助项目管理人员和研究者客观分析项目的实施效果，识别成功之处和改进空间。以下是基于数据，对象山港蓝色海湾治理项目的绩效分析。

1. 象山港入海污染物总量控制治理网络绩效分析

象山港蓝色海湾治理项目的一部分核心内容是象山港入海污染物总量控制减排工程。根据《宁波市蓝色海湾整治行动实施方案》（以下简称《实施方案》），该工程包括河道治理、水闸治理、工业污染控制、生活污染治理、海水养殖污染控制以及农业面源污染控制等多方面内容。这些项目旨在从源头上控制污染物的排放量，以实现入海污染物总量的减少，进而保护海洋生态环境，促进当地经济的可持续发展。通过实施这些减排工程，不仅可以有效改善海域水质和生态环境，还能提升当地居民的生活质量。

在具体执行过程中，宁波市政府根据《实施方案》的要求，将考核指标分解至鄞州区、北仑区、镇海区、奉化区和象山县等五个区（县）政府。每个区域均划定了具体需要减排和管控的排污口及河流，确保

每个区域都能明确其环境治理的责任和目标。这种细化的分工方式有助于各区（县）政府有针对性地实施污染控制措施，提升治理的效率和效果。

在河道治理方面，通过清淤、修复护岸及提升河流水质监测能力，显著减少了入海污染物的流入。水闸治理工程则通过改进水闸设施，提升了排水系统的能力，减少了积水和内涝问题，从而降低了雨季对水质的负面影响。工业污染控制工程方面，通过对工业企业的排污口实施严格的监管和改造，减少了工业废水中有害物质的排放。同时，生活污染治理工程则着重于提升污水处理设施的处理能力和覆盖范围，确保生活污水得到有效处理。海水养殖污染控制和农业面源污染控制工程则分别针对海水养殖业和农业生产过程中的污染问题。通过推广环保型养殖技术，减少养殖过程中的污染排放，同时通过改进农业灌溉系统和施肥方式，减少农田径流中的化学污染物进入河流和海洋。这些减排工程的实施取得了一定的成效。数据显示，关键污染物指标如化学需氧量（COD）、无机氮和活性磷酸盐均完成了预期目标。例如，COD 的排放量维持在现状水平，无机氮排放量较 2013 年削减了 6.4%，活性磷酸盐排放量削减了 9.57%。这些成果表明，通过系统的减排措施，象山港的污染排放得到了有效控制，部分水质指标显著改善。然而，尽管在污染物减排方面取得了显著进展，象山港的水质情况依旧严峻。所有河流的水质均为四类水质，远未达到《实施方案》中预期的二类水质目标。这表明，尽管污染物的总量得到了控制，但由于历史污染积累、污染物迁移扩散以及治理技术和管理措施的局限性，象山港的整体水质改善仍需进一步努力。

综上所述，象山港入海污染物总量控制治理网络在实施过程中取得了一定的成效，关键污染物指标如 COD、无机氮和活性磷酸盐均达到了预期的削减目标。然而，象山港整体水质改善目标仍未完全实现，这表明污染控制工作仍需进一步加强。在未来的治理工作中，需要进一步提升技术水平，加强各区（县）政府间的协同合作，继续推进各项减排措施，并加强公众参与和监督，以实现象山港水质的全面提升和长效治理。这不仅有助于恢复和保护象山港的生态环境，还将为区域经济的可持续发展提供有力支持。

2. 象山港岸滩整治修复治理网络绩效分析

象山港蓝色海湾治理项目中的岸滩整治与修复治理网络是该项目的重要组成部分，旨在通过系统的岸线和沙滩修复，提高象山港区域的生态功能和景观价值。自 2016 年《宁波市蓝色海湾整治行动实施方案》（以下简称《实施方案》）发布以来，宁波市政府统筹协调，北仑区政府积极配合，按照既定目标进行岸滩整治与修复。然而，尽管付出了巨大努力，由于实施难度较大以及不可控因素，工程并没有在 2017 年底如期完成，直到 2020 年才顺利完成既定目标。以下是对象山港岸滩整治修复治理网络的绩效分析。

首先，岸线修复长度是该项目的一个关键指标。根据《实施方案》，2016 年的预期目标是修复约 1980 米的岸线。2017 年的评估数据显示，实际完成了 1880 米，虽然略低于预期目标，但接近目标值。这表明修复工程总体进展顺利，展现了项目实施的有效性和治理网络的协同能力。然而，这一指标的实现并非一帆风顺，面临着诸多挑战，包括技术难题、施工环境复杂以及协调多个部门的工作等。这些挑战导致了项目的延迟，但到 2020 年，目标长度被进一步调整和扩展，显示出项目具有持续改进的能力和潜力。这种调整和扩展不仅满足了初期的目标，还表明治理网络在面对实际问题时具有灵活应对和调整策略的能力。

其次，沙滩修复面积是另一个重要的绩效指标。2016 年的预期目标是修复 32.3 万平方米的沙滩。然而，到 2020 年未能完全达成目标。这一结果可能归因于多种因素，包括施工进度延误、预算限制以及技术性问题等。尽管沙滩修复工程未能完全达成预期目标，但已完成的修复面积也为改善象山港的生态环境和提升区域景观价值做出了重要贡献。沙滩修复不仅改善了岸滩环境，还为当地居民和游客提供了更好的休闲娱乐空间，推动了区域旅游业的发展。

再次，湿地修复面积也是该项目的重要目标之一。根据评估结果，预期目标是修复 15 万平方米的湿地，这一目标顺利完成。湿地修复对提升生态系统的多样性和生态服务功能具有重要作用。湿地不仅是许多动植物的重要栖息地，还具有净化水质、调节气候和防洪减灾等多种生态功能。湿地修复的顺利完成为象山港的生态环境恢复提供了坚实基础，进一步提升了区域的生态承载能力和环境质量。

最后，生态廊道绿化带的建设也是象山港岸滩整治修复治理网络的一部分。预期目标是建设 21 万平方米的生态廊道绿化带，到 2020 年完成了 15.75 万平方米，虽然接近目标但未完全达成。这部分工作的完成情况反映了实施过程中的挑战和需要进一步优化的空间。生态廊道绿化带的建设旨在连接分散的生态斑块，形成连续的生态网络，提升区域生态系统的整体功能。尽管目标未完全达成，但已完成的绿化带建设显著改善了当地的生态环境和景观质量，为区域的可持续发展奠定了良好基础。

总体而言，象山港岸滩整治修复治理网络在多方面取得了显著成效。尽管部分指标未完全达成，但通过不断调整和优化，项目在提升象山港区域的生态功能和景观价值方面发挥了重要作用。在未来的治理工作中，需要继续加强各部门的协调合作，进一步优化施工技术和管理措施，以实现更高效、更全面的生态环境治理目标。这不仅有助于恢复和保护象山港的生态环境，还将为区域经济的可持续发展提供有力支持。

3. 象山港蓝色海湾整治领导小组行动网络绩效分析

象山港蓝色海湾整治项目在宁波市蓝色海湾整治行动领导小组的统筹指挥下，围绕多个关键生态修复和污染控制目标展开。根据《宁波市蓝色海湾整治行动实施方案》（以下简称《实施方案》），该项目在象山港梅山湾综合治理工程中的预期目标主要包括：岸线整治长度约 1980 米，沙滩修复 32.3 万平方米，湿地修复面积约 15 万平方米，生态廊道绿化带总面积约 21 万平方米；水质环境稳中趋好，梅山湾水体中悬浮物浓度下降 20% 以上；象山港 COD_{Cr} 排放维持现状，无机氮较 2013 年削减 5%，活性磷酸盐削减 5%，建设美丽海湾；岸基在线监测系统 1 套；工程跟踪监测及影响评估报告 2 份；海洋经济可持续发展监测报告 2 份等 10 项具体目标。尽管工程因一些不可控因素导致延期，但在领导小组的高效指挥下，项目最终于 2020 年顺利通过验收，完成了预期目标。

首先，从岸线整治和沙滩修复的角度来看，预期目标是完成 1980 米的岸线整治和 32.3 万平方米的沙滩修复。根据评估结果，到 2020 年，该项目完成了 1880 米的岸线整治。虽然岸线整治略低于预期，但总体上仍然接近目标。这些整治和修复工作不仅恢复了受损的岸线，提高了其生态功能和景观价值，还为当地居民和游客提供了更好的休闲娱乐环境，推动了区域旅游业的发展。

湿地修复和生态廊道绿化带建设是该项目的另两个重要目标。湿地修复的预期目标是修复 15 万平方米的湿地，评估结果显示这一目标顺利完成。湿地修复对于提升生态系统的多样性和生态服务功能具有重要作用，不仅为许多动植物提供了栖息地，还起到了净化水质、调节气候和防洪减灾的作用。生态廊道绿化带建设的预期目标是 21 万平方米，到 2020 年完成了 15.75 万平方米，虽然接近目标但未完全达成。这表明在实施过程中仍面临一些挑战，如施工进度、技术难题等，但已完成的部分也显著改善了当地的生态环境和景观质量。

在水质环境方面，《实施方案》设定了多个目标，如梅山湾水体中悬浮物浓度下降 20%以上、象山港 COD_{Cr} 排放维持现状、无机氮较 2013 年削减 5%和活性磷酸盐削减 5%。评估结果显示，尽管整体水质情况有所改善，但仍未达到所有预期目标。例如，梅山湾水体中悬浮物浓度下降 6.4%，无机氮和活性磷酸盐分别削减了 9.57%和 5%。这些数据表明，治理措施在一定程度上取得了成效，但仍需进一步努力和改进，以达到更理想的水质目标。

此外，项目还设定了安装岸基在线监测系统和完成多项报告的目标。预期目标是安装 1 套岸基在线监测系统，完成 2 份工程跟踪监测及影响评估报告和 2 份海洋经济可持续发展监测报告。这些目标均已顺利达成。安装岸基在线监测系统有助于实时监控海洋环境变化，为科学决策提供数据支持。工程跟踪监测及影响评估报告的完成，帮助项目管理人员及时了解工程进展，发现并解决潜在问题，确保治理措施的科学性和有效性。海洋经济可持续发展监测报告评估了治理项目对地方经济的影响，确保经济发展与环境保护的协调统一。

通过上述三个治理网络的绩效评估，可以看出象山港蓝色海湾整治项目在多个方面取得了显著成效。无论是入海污染物总量控制，还是岸滩整治修复，亦或是领导小组的整体治理，都展示出了一定的治理效果和环境改善。具体而言，象山港入海污染物总量控制治理网络在 COD、无机氮和活性磷酸盐的减排方面取得了预期效果，但水质整体仍未达到理想状态；象山港岸滩整治修复治理网络通过岸线修复和沙滩修复提升了生态功能，但部分目标未能按期完成，表明仍有改进空间；象山港蓝色海湾整治领导小组行动网络则展示了较强的协调和执行能力，尽管项目延期，但在 2020 年顺利通过验收，表明其治理模式的有效性。

综上所述，象山港蓝色海湾治理项目在整体上取得了显著的环境保护和生态修复成效，但也面临着一些挑战和未达成的目标。特别是在入海污染物总量控制与岸滩整治修复方面，尽管取得了一定进展，但原计划 2017 年完成的目标未能如期达成，导致项目延期，显示出治理过程中的不足。然而，宁波市蓝色海湾整治行动领导小组在项目治理中的主导作用显著，通过持续推进治理工作，最终在 2020 年实现了项目验收，展示了其领导力和治理模式的有效性。

第四章　治理网络对海洋环境治理绩效的影响机制比较分析

　　近年来，全球海湾地区面临着日益严峻的环境问题。作为人类经济活动高度集中的区域，海湾环境的治理不仅关系到生态系统的健康与稳定，更直接影响到当地居民的生活质量和经济发展。如何通过有效的治理网络实现海湾环境的可持续治理，成为全球环境治理领域的重要课题。本章以美国坦帕湾和中国象山港为例，通过比较两地的环境治理网络，深入分析不同治理模式对海洋环境治理绩效的影响机制。

　　坦帕湾位于美国佛罗里达州西部，是该州最大的天然河口湾，也是全球最繁忙的港口之一。20 世纪 70 年代，坦帕湾因工业污染和城市扩张导致的环境危机，引发了广泛关注。坦帕湾河口计划（Tampa Bay Estuary Program，TBEP）作为美国典型的环境治理项目，通过多方合作和综合治理措施，在污染控制和生态恢复方面取得了显著成效。坦帕湾的治理网络涵盖了政策制定、项目实施以及生态系统恢复等多个层面，涉及联邦、州和地方政府、企业、非政府组织以及公众的广泛参与。

　　象山港位于中国浙江省宁波市东南部沿海，是我国典型的半封闭港湾。随着经济的快速发展和人口的增加，象山港面临着严重的环境问题，包括水质污染、栖息地破坏和生物多样性下降。为了应对这些挑战，浙江省和宁波市政府在象山港实施了蓝色海湾综合治理项目，旨在通过系统的生态修复和污染控制措施，提升象山港的环境质量和生态功能。象山港的治理网络以政府主导为特色，通过多层次、多维度的治理结构，有效应对环境治理中的复杂问题。

本章将从三个方面对坦帕湾和象山港的治理网络进行比较分析。首先，将详细探讨两地治理网络的结构特征，包括网络规模与参与者多样性、治理网络的中心势与密度以及行动者的角色与权力分布。通过比较两地治理网络的基本组成和参与者的角色，分析参与者的异质性和网络密度对治理效果的影响，揭示领导型治理网络与共享型治理网络的优劣势。

其次，将深入分析不同治理模式对海洋环境治理绩效的影响。重点比较坦帕湾和象山港在政策制定与实施、多方参与与合作机制以及资源整合与利用效率方面的差异。探讨政策一致性和灵活性、跨部门合作、资源分配与管理机制对环境治理绩效的影响，为理解不同治理模式下的环境治理成效提供理论依据。

最后，将探讨治理网络对环境治理绩效的关键影响因素。重点分析治理网络的适应性与灵活性、信息流动与透明度以及社会资本与信任度对环境治理绩效的影响。探讨网络结构的适应性和灵活性在应对环境变化和突发事件中的作用，信息共享和透明度对决策质量和执行效果的促进作用，以及社会资本和信任度对合作水平和治理绩效的影响。

通过对坦帕湾和象山港两个典型案例的深入分析，本章旨在揭示治理网络在海洋环境治理中的关键作用，探讨不同治理模式如何通过优化网络结构和提升合作水平，实现环境治理绩效的提升。希望通过本章的研究，为其他海湾地区的环境治理提供借鉴和启示，推动全球海洋环境的可持续发展。

第一节　坦帕湾河口计划与象山港蓝色海湾
治理网络的结构特征对比

随着全球经济的快速发展和城市化进程的加速，海洋环境面临的压力日益增加。海湾地区，作为人类活动的密集区域，其生态环境的保护与治理显得尤为重要。坦帕湾和象山港分别位于美国和中国，是两个具有代表性的海湾区域。通过对这两个地区的治理网络进行比较分析，可以更好地理解不同治理模式和网络结构对海洋环境治理绩效的影响。

本节将从网络规模与参与者多样性、治理网络的中心势与密度、行动者的角色与权力分布三个方面，对坦帕湾河口计划和象山港蓝色海湾治理网络进行详细的比较分析（见表 4.1）。通过这种比较，可以深入了解不同治理网络在应对环境问题时的运作机制和治理效果，为其他类似地区的环境治理提供有价值的参考。

表 4.1　六个案例海湾环境治理网络结构

案例	具体行动	网络结构		网络管理	
		网络中心势	网络密度	度数中心度	中间中心度
坦帕湾河口计划	改善水质	0.29	0.743	0.938（美国环境保护署）	13.167（美国环境保护署）
	栖息地修复与保护	0.24	0.708	0.896（西南佛罗里达水资源管理区）0.758（佛罗里达复原力和沿海保护办公室）	9.042（西南佛罗里达水资源管理区）6.630（佛罗里达恢复和沿海保护办公室）
	政策制定	0.539	0.529	1.000（坦帕湾地区规划委员会）0.857（佛罗里达州水域管理区）	24.639（坦帕湾地区规划委员会）1.388（佛罗里达州水域管理区）

案例	具体行动	网络结构		网络管理	
		网络中心势	网络密度	度数中心度	中间中心度
宁波市蓝色海湾整治行动	象山港入海污染物总量控制	0.732	0.876	0.627（宁波市象山港区域统筹发展领导小组办公室）0.492（象山县政府）	35.850（宁波市象山港区域统筹发展领导小组办公室）19.249（象山县政府）
	岸滩整治修复	0.648	0.845	0.810（市海洋与渔业局）0.762（市生态环境局）	33.290（宁波市自然资源和规划局北仑分局）18.571（北仑区综合行政执法局）
	象山港蓝色海湾整治领导小组	0.689	0.957	1（宁波市政府）0.923（市环保局）	4.804（宁波市政府）4.062（市环保局）

首先，从网络规模与参与者多样性来看，坦帕湾河口计划和象山港蓝色海湾治理网络在参与者数量和类型上存在显著差异。可以看到，坦帕湾河口计划的参与者数量较多，涉及政府部门、企业、非政府组织和公众，而象山港的治理网络主要由政府部门主导，参与者的类型较为单一。参与者的异质性对治理效果有重要影响，多样化的参与者可以带来更多的资源和观点，促进更全面和有效的治理措施。

其次，治理网络的中心势与密度是衡量网络结构的重要指标。中心势反映了网络中核心节点的控制力和影响力，而密度则反映了网络中节点之间的联系紧密程度。坦帕湾河口计划的网络中心势较低，表明网络中各节点的权力较为分散，合作较为平等。而象山港的治理网络中心势较高，政府部门在网络中占据主导地位，控制着大部分资源和决策。网络密度的高低对治理效率和合作水平有直接影响，较高的密度可以促进信息的快速传递和资源的有效利用。

最后，行动者的角色与权力分布是治理网络运作的关键因素。坦帕湾河口计划中，各行动者的角色分工明确，政府、企业、非政府组织和公众在治理过程中各司其职，相互合作。而在象山港的治理网络中，政府部门占据主导地位，其他行动者的参与度较低，导致治理网络的多样性和灵活性不足。领导型治理网络和共享型治理网络各有优劣，前者可以保证决策和行动的迅速执行，后者则能够集思广益，促进创新和多样化的解决方案。

通过对坦帕湾河口计划和象山港蓝色海湾治理网络的详细比较分析，可以深入理解不同治理模式和网络结构在环境治理中的实际效果。这不仅为全球其他海湾地区的环境治理提供了宝贵的经验，也为提升海洋环境治理绩效提供了科学依据和实践指导。坦帕湾和象山港的治理经验表明，治理网络的结构特征和运作模式对环境治理的成效具有重要影响，优化治理网络结构，增强多方参与和合作，能够显著提升环境治理的效率和效果。总之，通过对坦帕湾和象山港两个典型案例的系统比较分析，本章将揭示治理网络在海洋环境治理中的关键作用，探讨不同治理模式如何通过优化网络结构和提升合作水平，实现环境治理绩效的提升。

一、网络规模与参与者多样性

网络规模和参与者多样性是评估环境治理网络效能的重要指标。网络规模通常指的是参与治理网络的行动者数量，而参与者的多样性则指参与治理过程的不同类型的行动者，如政府部门、科研机构、企业、非政府组织和社区团体等。网络规模和参与者的多样性直接影响治理网络的复杂性、资源的整合能力和决策的科学性。

在本节中，我们将比较坦帕湾河口计划和象山港蓝色海湾治理网络的参与者数量及类型。坦帕湾河口计划作为美国成功的环境治理案例之一，其治理网络涉及多个层次的政府机构、研究机构、企业和非政府组织。相比之下，象山港蓝色海湾治理网络也包含了多个行动者，但其参与者的异质性和参与深度与坦帕湾河口计划相比有所不同。通过分析这两个案例的参与者数量和类型，我们可以更好地理解参与者的多样性如何影响治理网络的运作和治理效果。

1. 坦帕湾河口计划的环境治理网络的参与者数量及类型

网络规模和参与者多样性是影响环境治理网络绩效的重要因素。坦帕湾河口计划和象山港蓝色海湾治理项目在网络规模和参与者类型上存在显著差异。这些差异对两地的环境治理效果和治理网络的运作方式产生了重要影响。以下将从参与者数量和类型两个方面进行详细比较。

（1）政策制定网络

坦帕湾河口计划的政策制定网络包含 15 个行动者，其中包括 7 个政府部门和 8 个合作组织。这 8 个合作组织由政府部门、私人部门和社会组织等多方组成，体现了多样化和跨部门合作的特点。政府部门主要负责政策的制定和实施，确保治理措施的法律和政策支持。多方组成的合作组织，包括私人企业、非政府组织和研究机构，提供技术支持、资源整合和社会动员，促进治理措施的综合实施。

（2）改善水质项目治理网络

坦帕湾河口计划改善水质的参与者数量为 17 个行动者。其中包含政府部门 10 个、企业 3 个（坦帕湾附近电力公司、坦帕湾水务公司、坦帕湾氮气公司）、社会组织 2 个（坦帕湾氮管理联盟、坦帕湾附近农业利益集团）、学术机构 1 个（FWC-FWRJ 实验室）、民众团体 1 个（海洋垃圾专家团队）。政府部门主要负责制定水质标准、监督执行和执法；企业则提供技术和资金支持；社会组织和学术机构提供科学研究和数据支持，促进治理措施的科学性和有效性；民众团体的参与提高了公众意识和社区参与度，确保治理措施得到广泛支持和配合。

（3）栖息地修复与保护治理网络

帕湾河口计划栖息地修复与保护治理网络参与者数量为 16 个，其中包含政府部门 3 个（西南佛罗里达水资源管理区、佛罗里达复原力和沿海保护办公室、美国鱼类和野生动物保护署）、企业 1 个（公共土地信托）、合作伙伴 10 个、民众团体 2 个（私人土地拥有者、划船利益代表）。政府部门主要负责制定修复计划、提供政策支持和监督执行；企业参与主要通过提供资金和技术支持，帮助修复和保护栖息地；合作伙伴和民众团体的参与确保了治理措施的可持续性和社会接受度。

2. 象山港蓝色海湾治理项目环境治理网络的参与者数量及类型

（1）象山港入海污染物总量控制治理网络

象山港入海污染物总量控制的参与者数量为 60 个行动者。其中包含政府部门 54 个、私人部门 4 个，其中包含企业 3 个（象山港湾水产苗种有限公司、求实船舶清洁有限公司、宁波和阳建设工程有限公司）、居民 1 个（志愿者）、研究机构 2 个（宁波市海洋与渔业研究院、中国水产科学研究院东海水产研究所）。政府部门在该网络中占据主导地位，负责制定和实施污染控制政策；私人部门和研究机构提供技术支持、科学研究和执行力，促进污染控制措施的有效实施。

（2）岸滩整治修复治理网络

岸滩整治与修复的参与者数量为 22 个行动者，其中包含政府部门 21 个、企业 1 个（岩东公司）。政府部门主要负责岸滩整治和修复的政策制定和监督执行；企业参与主要通过提供资金和技术支持，协助实施具体的修复工程。这样的结构确保了政策的快速落实和修复项目的高效实施。

（3）象山港蓝色海湾整治行动领导小组行动网络

象山港蓝色海湾整治行动领导小组的参与者数量为 14 个行动者。

其中包含政府部门 13 个、企业 1 个（宁波市旅游投资发展有限公司）。政府部门在该网络中发挥领导和协调作用，确保各项治理措施的顺利实施；企业参与主要通过提供经济和技术支持，协助治理措施的实施。

坦帕湾河口计划和象山港蓝色海湾治理项目在网络规模和参与者类型上存在显著差异。坦帕湾河口计划的参与者较为多样化，包含政府部门、企业、社会组织、学术机构和民众团体等多个类型的行动者。这种多样性带来了丰富的资源和专业知识，有助于提高治理措施的科学性和有效性。然而，多样化的参与者也增加了协调和管理的难度，需要建立有效的合作机制和治理框架。相比之下，象山港蓝色海湾治理项目的参与者主要集中在政府部门，企业和社会组织等非政府行动者的参与度相对较低。这种结构虽然有助于快速决策和政策实施，但也可能限制治理网络的灵活性和创新能力。政府主导的治理模式在资源整合和政策执行方面具有显著优势，但在面对复杂环境问题时，可能缺乏多样化的解决方案和创新思维。

总的来说，坦帕湾河口计划和象山港蓝色海湾治理项目在网络规模和参与者类型上各有优劣。坦帕湾河口计划通过多样化的参与者和跨部门合作，实现了较高的治理效果和环境改善。而象山港蓝色海湾治理项目虽然政府主导，但在应对复杂环境问题时，可能需要进一步引入更多样化的参与者，增强治理网络的灵活性和创新能力。通过比较分析这两个案例，我们可以更好地理解网络规模和参与者多样性对环境治理网络绩效的影响，为其他类似地区的环境治理提供借鉴和参考。

3. 分析参与者异质性和参与者以政府部门为主体对治理效果的影响

通过对坦帕湾和象山港两个环境治理案例的分析，我们可以看到参与者异质性和政府部门主导的治理模式在环境治理效果上的显著差异。这种差异不仅反映在参与者的数量和类型上，还体现在治理网络的运作机制和效果上。

在坦帕湾河口计划的三个治理网络中，参与者的异质性非常明显。坦帕湾河口计划政策制定网络包含 15 个行动者，其中包括 7 个政府部门和 8 个合作组织。合作组织由政府部门、私人部门和社会组织等多方组成，体现了多样化和跨部门合作的特点。这种多样性带来了丰富的资源和专业知识，有助于提高治理措施的科学性和有效性。坦帕湾改善水质的治理网络更是包含了政府部门、企业、社会组织、学术机构和民众团体等多种类型的参与者，这些参与者共同合作，通过科学研究、技术支持、社会动员等多种手段，促进了治理措施的综合实施和执行。坦帕湾河口计划栖息地修复与保护治理网络也展示了参与者的多样性，参与者包括政府部门、企业、合作伙伴和民众团体等。这种多样性确保了治理措施的全面性和可持续性，各参与者根据自身优势和专业领域，提供相应的支持和服务，推动了治理项目的顺利实施。通过多样化的参与者，坦帕湾河口计划能够更有效地应对复杂的环境问题，整合多方资源，形成强大的合力，从而显著提升了治理效果。

参与者异质性的一个重要优势在于它能够提供不同的视角和专业知识，促进科学决策和创新治理。例如，学术机构和研究机构可以提供最新的科学研究和技术支持，社会组织和民众团体可以动员公众参与和支持治理项目，企业则可以提供资金和技术，政府部门则负责制定政策和监督执行。这样的多方合作能够确保治理措施的科学性、合理性和可持续性，提高治理效果。

相比之下，象山港蓝色海湾治理项目的参与者主要集中在政府部门。象山港入海污染物总量控制的治理网络参与者数量虽然多达 60 个，但其中 54 个是政府部门。岸滩整治与修复的参与者数量为 22 个行动者，其中 21 个是政府部门。象山港蓝色海湾整治行动领导小组的参与者数量为 14 个行动者，其中 13 个是政府部门。这种以政府部门为主体的治理模式在资源整合和政策执行方面具有显著优势，但也存在一定的局限性。

政府部门主导的治理模式在决策和执行过程中具有较强的权威性和资源调动能力，能够迅速动员和协调各方力量推进治理项目。通过制定严格的排放标准、加强污水处理设施建设和推广绿色农业技术，象山港在污染物控制方面取得了显著成效。然而，这种模式也可能限制非政府行动者的参与和信息获取，降低治理网络的灵活性和创新能力。政府部门在治理网络中的主导作用虽然能够确保政策的快速落实，但在面对复杂环境问题时，可能缺乏多样化的解决方案和创新思维。

根据表 4.1 的数据显示，坦帕湾河口计划和象山港蓝色海湾治理项目在网络规模和参与者类型上的差异对治理效果产生了显著影响。坦帕湾河口计划的三个治理网络中，网络密度和中心势较高，表明各参与者之间的联系紧密，合作频繁，信息和资源传递顺畅。这种高密度和高中心势的治理网络有助于提高治理效率和合作水平，确保各项治理措施的有效实施和执行。相比之下，象山港的治理网络虽然参与者数量较多，但主要集中在政府部门，网络的中心势和密度相对较低，表明参与者之间的联系和合作不如坦帕湾紧密。这种结构虽然有助于快速决策和政策实施，但在应对复杂环境问题时，可能需要进一步引入更多样化的参与者，增强治理网络的灵活性和创新能力。

具体而言，坦帕湾河口计划的政策制定网络和改善水质项目治理网络通过多样化的参与者和跨部门合作，实现了较高的治理效果和环境改善。政策制定网络中，网络中心势和网络密度分别为 0.539 和 0.529，显示了较高的参与度和合作水平；改善水质项目治理网络的网络中心势和网络密度分别为 0.29 和 0.743，表明各参与者之间的紧密合作和高效沟通。

象山港的治理网络则展示了不同的特征。象山港入海污染物总量控制的治理网络虽然参与者数量多，但主要集中在政府部门，如宁波市象山港区域统筹发展领导小组办公室的度数中心度和中间中心度分别为 0.627 和 35.850，显示了政府部门在治理网络中的主导地位和较高的控制力。然而，这种高度集中的治理模式在一定程度上限制了非政府行动者的参与和信息获取，降低了治理网络的灵活性和创新能力。

通过比较分析坦帕湾河口计划和象山港蓝色海湾治理项目的参与者异质性和政府部门主导的治理模式，我们可以得出以下结论：参与者异质性较高的治理网络能够提供多样化的视角和专业知识，促进科学决策和创新治理，提高治理效果和环境改善；政府部门主导的治理模式在资源整合和政策执行方面具有显著优势，但在面对复杂环境问题时，可能需要引入更多样化的参与者，增强治理网络的灵活性和创新能力。

二、治理网络的中心势与密度

治理网络的中心势和密度是评估网络结构特征和运行效果的重要指标。中心势反映了网络中某些关键行动者在信息和资源传递中的核心地位和影响力，而网络密度则衡量了网络内各行动者之间联系的紧密程度。这两个指标对理解治理网络的运行机制、协调水平以及整体治理效能具有重要意义。在坦帕湾河口计划和象山港蓝色海湾治理项目中，治理网络的中心势和密度表现出不同的特征，这些特征直接影响了两个项目在环境治理中的效率和合作水平。

在坦帕湾河口计划中，中心势和密度相对较低的网络结构促进了多方合作和交流，各参与者之间的信息流动和资源共享更加顺畅，从而提升了治理效率和效果。而象山港的治理网络则表现出较高的中心势和密度，表现出核心领导者也网络中做了决策、调动资源和推动政策执行的能力，但这在一定程度上也限制了治理网络的灵活性和响应能力。通过比较分析坦帕湾和象山港两个治理网络的中心势和密度，我们可以深入了解不同治理模式在实际操作中的优劣势，以及这些网络结构特征对环境治理绩效的具体影响。

本节将首先比较坦帕湾河口计划和象山港治理网络的中心势和密度，重点分析这两个指标在不同治理网络中的表现。然后，探讨网络密度和中心势对治理效率和合作水平的影响，揭示治理网络结构特征在提升环境治理效能中的关键作用。这种比较分析不仅有助于理解两个案例的成功经验和面临的挑战，还为其他地区的环境治理提供了宝贵的借鉴和启示。

1. 坦帕湾河口计划的三个环境治理网络的中心势和密度

网络的中心势和密度是评估治理网络结构和效能的重要指标。中心势反映了网络中某些关键行动者在信息和资源传递中的核心地位和影响力，而网络密度则衡量了网络内各行动者之间联系的紧密程度。坦帕湾河口计划和象山港蓝色海湾治理项目在中心势和密度上存在显著差异，这些差异直接影响了两个项目的治理效率和合作水平。以下将根据表 4.1 所显示的数据从中心势和密度两个方面对坦帕湾河口计划和象山港蓝色海湾整治网络进行详细比较。

（1）改善水质治理项目网络

坦帕湾河口计划的"改善水质项目"网络显示出相对较低的网络中心势为 0.29，但具有较高的网络密度为 0.743。这表明在这个治理网络中，信息和资源的传递相对分散，没有一个单一的行动者占据绝对核心地位。高密度表明网络内部的联系紧密，各行动者之间的合作频繁，这有助于多方参与、信息共享和资源整合，从而提升治理效率。

（2）栖息地修复与保护网络

在栖息地修复与保护网络中，中心势为 0.24，密度为 0.708，依然体现了低中心势和较高密度的特征。这样的结构促进了多方合作，确保了各行动者在治理过程中都能有效发挥作用，信息和资源在网络内部流动顺畅。这种网络结构有助于增强治理网络的灵活性和适应性，能够更好地应对环境治理中的复杂问题。

（3）政策制定网络

政策制定网络的中心势为 0.539，密度为 0.529，显示出稍高的中心势和相对较低的密度。尽管网络中的联系不如前两个网络紧密，但中心势的提高表明在政策制定过程中，有一些关键行动者在推动决策和协调各方利益方面发挥了重要作用。这种结构有助于提高决策的效率和一致性，但可能会在一定程度上限制信息的广泛传播和多方参与。

比较上面三个治理网络可以发现，政策制定网络的中心势较高（0.539），但网络密度较低（0.529），显示出有一些关键行动者在推动决策和协调各方利益方面发挥了重要作用。这种结构有助于提高决策的效率和一致性，但可能会在一定程度上限制信息的广泛传播和多方参与。这主要是因为政策制定往往涉及更高层次的协调和决策，因此需要有关键行动者发挥领导作用，推动政策的制定和实施。总的来说，不同的治理项目根据其具体目标和需求，形成了不同的网络结构特征。改善水质和栖息地修复网络通过高密度、低中心势的结构，促进了广泛的多方参与和资源共享，而政策制定网络则通过较高的中心势，确保了决策的有效性和一致性，但在信息传递和多方参与上有所限制。这些差异反映了治理网络在应对不同环境治理任务时的灵活性和适应性。

2. 象山港蓝色海湾整治三个网络的中心势和密度

（1）象山港入海污染物总量控制网络

这一网络的中心势为 0.732，密度为 0.876，显示出高中心势和高密度的特征。高中心势意味着在这个治理网络中，有几个关键行动者在信息和资源传递中占据核心地位，主导着网络的运行。高密度则表明网络内部的联系非常紧密，合作频繁。这种结构有助于快速决策和资源调动，但也可能限制其他行动者的自主性和创新能力。

（2）宁波市蓝色海湾整治行动

这一网络的中心势为 0.648，密度为 0.845，依然表现出较高的中心势和密度。这表明在治理过程中，地方政府和相关部门在决策和资源分配中起到了主导作用。虽然高密度的网络结构有助于信息的快速传递和资源的高效利用，但过高的中心势可能导致决策过程中的信息不对称和权力过于集中，影响治理的公平性和透明度。

（3）象山港蓝色海湾整治领导小组

这一网络的中心势为 0.689，密度为 0.957，是六个网络中密度最高的。这种超高密度的网络结构意味着各行动者之间的联系极为紧密，几乎所有的行动者都参与到治理过程中来。高中心势则表明，宁波市政府在治理网络中起到了核心作用，主导着治理行动的方向和资源的分配。这种结构有助于确保政策的一致性和执行的有效性，但同样可能限制非政府行动者的参与和创新。

象山港蓝色海湾整治三个网络显示出高中心势和高网络密度，剖析这种结构特征背后的原因主要有以下几点：首先，政府主导是主要原因之一。在象山港治理网络中，地方政府尤其是宁波市政府起到了核心作用。政府的强势介入和主导地位确保了治理政策的制定和执行具有高度的一致性和权威性。这使得在信息和资源的传递过程中，政府部门成为关键的节点，主导了整个网络的运行。其次，紧密的网络联系形成高效的协作机制。象山港治理网络中的高密度表明，参与者之间的联系非常频繁且紧密。这种联系的紧密性是由于各行动者在治理过程中需要频繁沟通和合作，以确保治理措施的有效实施。再次，治理目标的紧迫性和复杂性也促成了高中心势和高密度的网络结构。在中央推动的蓝色海湾整治目标下，象山港面临的环境问题复杂且紧急，需要快速、有效的治理措施。这种情况下，集中的决策权和紧密的协作关系有助于提升治理效率，确保各项措施能够迅速实施，避免因多方博弈而导致的决策延误。最后，历史和文化因素也不可忽视。中国地方政府治理长期以来形成了政府占据主导地位的治理传统，公众和企业习惯于靠政府的领导和指引。这种治理文化使得政府在网络中的核心地位更加稳固，非政府行动者的自主性和创新能力相对受到限制。

综上所述，通过对比坦帕湾河口计划和象山港蓝色海湾整治网络的中心势和密度，可以看出两个项目在治理网络结构上的显著差异。坦帕湾的治理网络通常具有较低的中心势和较高的密度，这种结构有助于多方参与、信息共享和资源整合，从而提升治理效率和效果。低中心势确保了信息和资源的广泛传播，各行动者在治理过程中都能有效发挥作用；较高的密度则表明各行动者之间的合作紧密，有助于形成强大的治理合力。相比之下，象山港的治理网络则表现出较高的中心势和密度，这意味着有几个关键行动者在网络中占据核心地位，主导着治理行动的方向和资源的分配。高密度表明各行动者之间的联系非常紧密，合作频繁，有助于信息的快速传递和资源的高效利用。然而，高中心势可能导致决策过程中的信息不对称和权力过于集中，限制了其他行动者的自主性和创新能力。这种结构虽然在短期内能够提高决策效率和政策执行力，但在应对复杂环境问题时可能缺乏足够的灵活性和适应性。

通过对比坦帕湾河口计划和象山港蓝色海湾治理网络的中心势和密度，可以看出两个项目在治理网络结构上的显著差异。坦帕湾的治理网络通过促进多方参与、信息共享和资源整合，提高了治理效率和效果，而象山港的治理网络则通过集中决策和资源分配，确保了政策的一致性和执行的有效性。不同的治理网络结构对环境治理绩效有着重要的影响，为其他地区的环境治理提供了宝贵的借鉴和启示。

3. 探讨网络密度和中心势对治理效率和合作水平的影响

网络密度和中心势是评估治理网络结构特征和运行效果的重要指标，这两个指标直接影响了网络的治理效率和合作水平。在分析坦帕湾和象山港治理网络时，需要考虑两地不同的政治行政体制背景，这对治理网络的结构和功能产生了深远影响。以下将详细探讨网络密度和中心势对治理效率和合作水平的影响，并结合坦帕湾和象山港的实际情况进行深度分析。

（1）网络密度对治理效率和合作水平的影响

网络密度衡量的是网络中各个行动者之间的联系紧密程度。高密度的网络通常意味着行动者之间的互动和合作更加频繁，信息和资源的流动更加顺畅，决策过程更加高效。

在坦帕湾河口计划的治理网络中，改善水质项目网络和栖息地修复与保护网络都显示出较高的网络密度（分别为 0.743 和 0.708）。这种高密度的网络结构促进了多方参与和信息共享，各行动者之间的合作水平较高，决策过程相对高效。这种高密度网络有以下几个优势：信息流动畅通，高密度网络中的行动者可以更快捷地获取和分享信息，减少信息不对称和决策盲点；资源整合高效，各行动者之间的紧密联系有助于整合资源，优化配置，提高资源利用效率；决策过程透明，高频率的互动和沟通使得决策过程更加透明，减少了决策过程中的不确定性和摩擦。

象山港的治理网络同样显示出高密度特征，尤其是象山港蓝色海湾整治行动领导小组网络，网络密度高达 0.957。这表明该网络中的各个行动者之间联系非常紧密，合作水平极高。这种高密度网络具有以下特点：决策集中，由于网络中行动者的紧密联系，决策过程可以更快地集中和执行，减少了协商和调整的时间；协调一致，高密度网络中的行动者在政策执行和行动过程中能够保持高度一致，减少了行动过程中的冲突和协调成本；资源快速调动，高密度网络使得资源可以在各行动者之间迅速调动和配置，确保治理措施的及时实施。

（2）网络中心势对治理效率和合作水平的影响

网络中心势反映了网络中某些关键行动者在信息和资源传递中的核心地位和影响力。高中心势的网络通常意味着有几个关键行动者在主导决策和资源分配，而低中心势的网络则表明决策和资源分配相对分散。

坦帕湾河口计划的改善水质项目和栖息地修复与保护网络都显示出较低的网络中心势（分别为 0.29 和 0.24）。这种低中心势的网络结构有以下优势：多方参与，低中心势意味着决策和资源分配相对分散，多方参与程度高，各行动者能够充分表达意见和参与决策；决策民主，低中心势的网络结构促进了决策过程的民主化，减少了单一行动者的主导地位，确保了决策的多样性和包容性；灵活应对，低中心势的网络结构更具灵活性，能够更好地适应环境变化和应对突发事件。

象山港的治理网络显示出高中心势特征，尤其是象山港入海污染物总量控制网络的中心势高达 0.732。这表明在象山港的治理网络中，有几个关键行动者在信息和资源传递中占据核心地位。这种高中心势的网络结构具有以下特点：决策高效，高中心势意味着决策权集中在少数关键行动者手中，决策过程相对高效，能够快速响应和执行；资源集中，高中心势的网络结构有助于资源的集中调动和高效分配，确保资源能够迅速到位，支持治理行动；权威性强，中心势的网络结构增强了决策的权威性，减少了决策过程中的争议和分歧，提高了政策执行的效果。

坦帕湾和象山港的在中心势和网络密度上差异可部分归因于在

政治行政体制的影响。坦帕湾位于美国佛罗里达州，其治理网络受美国联邦制和地方自治传统的影响较大。美国的联邦制结构和多元化的社会组织体系促成了坦帕湾治理网络的低中心势和高密度特征。多层级的政府结构和强大的非政府组织力量使得决策过程更加民主和多元，各方利益能够得到充分表达和协调。象山港则受集中统一的政治体制影响较大。集中决策和强有力的政府执行力使得象山港的治理网络呈现出高中心势和高密度的特征。地方政府在环境治理中扮演了主导角色，决策过程集中在少数关键行动者手中，政策执行迅速且有力。

（3）中心势和密度对治理效率和合作水平的影响机制

网络密度和中心势是环境治理网络结构中的关键指标，它们对治理效率和合作水平有着深远的影响。这些指标在坦帕湾河口计划和象山港蓝色海湾治理网络中表现出不同特征，分别代表了不同的治理模式和效果。深入分析这两个指标对信息流动和资源整合、决策过程和协调机制以及应对环境变化和突发事件的影响，可以揭示出不同治理网络的内在运行机制和治理效能。

首先，从信息流动和资源整合来看，在高密度网络中，信息和资源的流动更加畅通，各行动者能够迅速获得所需的信息和资源，提高了治理效率。在坦帕湾的治理网络中，高密度结构促进了信息共享和资源整合，使得各项治理措施能够高效实施。而在象山港的治理网络中，高中心势和高密度的结合确保了信息和资源能够迅速集中到关键行动者手中，提高了政策执行的效率。

其次，从决策过程和协调机制来看，低中心势的网络结构有助于促进多方参与和决策过程的民主化，增强治理网络的包容性和灵活性。在坦帕湾，低中心势的网络结构使得决策过程更加透明和民主，各行动者能够充分参与和协调，提升了治理的合作水平。而在象山港，高中心势的网络结构使得决策权集中在少数关键行动者手中，决策过程高效但可能缺乏多样性和包容性。

最后，从应对环境变化和突发事件来看，高密度和低中心势的网络结构更具灵活性，能够更好地适应环境变化和应对突发事件。在坦帕湾，治理网络的灵活性和多元化使得其能够快速应对各种环境挑战和突发事件。而在象山港，高中心势和高密度的网络结构虽然提高了决策和执行的效率，但在应对突发事件时可能缺乏足够的灵活性和创新能力。

综上所述，网络密度和中心势对治理效率和合作水平的影响是多方面的，不同的政治行政体制背景对网络结构特征和运行机制产生了深远影响。坦帕湾的低中心势和高密度网络结构促进了多方参与和信息共享，提高了治理效率和合作水平。而象山港的高中心势和高密度网络结构通过集中的决策权和强有力的政府执行力，确保了治理措施的快速实施和资源的高效分配。在实际治理过程中，需要根据具体的环境和治理目标，选择合适的网络结构和治理模式，以提升环境治理的整体效能。

三、行动者的角色与权力分布

在治理网络中，行动者的角色和权力分布对治理效率和效果具有重要影响。通过分析主要行动者在网络中的地位，可以揭示网络的治理模式以及权力的集中或分散程度。在本节，我们选取了六个治理网络，分别为坦帕湾河口计划的三个治理网络和象山港蓝色海湾治理的三个网络，通过对比度数中心度和中间中心度，分析这些行动者在网络中的角色和权力分布。

度数中心度反映了一个行动者在网络中直接连接的数量，表示其在网络中的重要性和影响力。中间中心度则衡量了一个行动者在网络中充当中介的能力，反映其在信息和资源流动中的控制力。高度数中心度和高中间中心度的行动者通常在网络中发挥关键作用，主导决策和资源分配。

通过比较这些治理网络的度数中心度和中间中心度，我们可以深入了解各网络中主要行动者的角色和权力分布情况。例如，在坦帕湾河口计划中和政策制定网络和象山港蓝色海湾整治领导小组网络的度数中心度和中间中心度都比较高，表明某些政府部门在推动政策决策和协调利益相关者方面发挥了重要作用；而坦帕湾改善水质网络和栖息地修复与保护网络的度数中心度和中间中心度相对比较低，表明这些网络中，没有单一或少数行动者占据绝对的核心地位，网络中信息和资源的传递较为分散，各行动者之间的联系更为均衡，有利于多方参与和协作。

本节将详细分析六个治理网络中主要行动者的角色和权力分布，探讨领导型治理网络和共享型治理网络的优劣势。这种比较分析不仅有助于理解不同治理模式在实际操作中的效果，还可以为优化治理网络提供参考依据。

1. 分析主要行动者在六个治理网络中的角色和权力分布

治理网络中的行动者角色和权力分布是影响治理绩效的关键因素。通过分析坦帕湾河口计划和象山港蓝色海湾整治网络中的度数中心度和中间中心度，可以深入了解各网络中主要行动者的角色和权力分布情况。以下将对这六个网络中的主要行动者角色和权力分布进行详细分析。

（1）坦帕湾河口计划的改善水质网络

在坦帕湾河口计划的改善水质网络中，美国环境保护署（EPA）是核心行动者。EPA 的度数中心度为 0.938，表明它在这个网络中连接了大多数其他行动者，是信息和资源传递的关键节点。同时，EPA 的中间中心度为 13.167，也显示出其在网络中的桥梁作用，连接了许多行动者并控制着信息流动的路径。

EPA 的核心地位意味着它在改善水质项目中承担了重要的协调和领导角色。通过制定严格的环境标准、监测水质情况以及实施各种治理措施，EPA 确保了各行动者的统一行动和资源的有效利用。EPA 在网络中的主导地位还表明，政府在推动环境治理中的重要作用，尤其是在政策的制定和执行方面。

（2）坦帕湾河口计划的栖息地修复与保护网络

在栖息地修复与保护网络中，西南佛罗里达水资源管理区（SWFWMD）和佛罗里达复原力和沿海保护办公室（FCRCP）是主要的行动者。SWFWMD 的度数中心度为 0.896，表明它在这个网络中也占据了核心地位，连接了大多数其他行动者。FCRCP 的中间中心度为 9.042 和 6.630，显示出它在不同路径上的桥梁作用。

SWFWMD 和 FCRCP 在栖息地修复与保护中的核心地位反映了这些机构在协调生态恢复项目中的重要作用。通过管理水资源、恢复湿地和沿海生态系统，这些机构确保了栖息地的保护和恢复。它们在网络中的关键角色还表明，专门的环境保护机构在生态修复和资源管理中的独特作用，这些机构具有专业知识和管理能力，能够有效地推动生态恢复项目的实施。

（3）坦帕湾河口计划的政策制定网络

在政策制定网络中，坦帕湾地区规划委员会（TBRPC）和佛罗里达州水域管理区（SWMD）是主要的行动者。TBRPC 的度数中心度为 1.000，显示出其绝对核心地位，连接了所有其他行动者。其中间中心度为 24.639，也表明它在政策制定过程中的桥梁作用。SWMD 的度数中心度为 0.857，中间中心度为 1.388，显示出它在政策制定中的重要辅助角色。

TBRPC 和 SWMD 在政策制定中的核心地位反映了区域规划和水资源管理机构在环境政策制定中的关键作用。通过协调各方利益、制定环境政策和标准，这些机构确保了政策的一致性和有效实施。它们的主导地位还表明，在环境治理中，跨部门和跨地区的协调是至关重要的，这些机构能够整合不同的利益和资源，推动政策的落实。

（4）象山港蓝色海湾整治的入海污染物总量控制网络

在象山港的入海污染物总量控制网络中，宁波市象山港区域统筹发展领导小组办公室和象山县政府是主要的行动者。领导小组办公室的度数中心度为 0.627，中间中心度为 35.850，显示出其在网络中的核心地位和桥梁作用。象山县政府的度数中心度为 0.492，中间中心度为 19.249，也表明其在网络中的重要角色。

这些数据表明，政府部门在象山港的污染物总量控制中起到了主导作用。通过制定和实施严格的污染控制措施、协调各部门的行动，这些政府部门确保了治理目标的实现。领导小组办公室在网络中的核心地位还表明，政府在环境治理中的统筹协调能力，这种能力对于整合资源和推动政策实施至关重要。

（5）象山港蓝色海湾整治的岸滩整治修复网络

在岸滩整治修复网络中，宁波市海洋与渔业局和市生态环境局是主要的行动者。海洋与渔业局的度数中心度为 0.810，中间中心度为 33.290，显示出其在网络中的核心地位和桥梁作用。市生态环境局的度数中心度为 0.762，中间中心度为 18.571，也表明其在网络中的重要角色。

这些数据表明，专门的环境管理机构在岸滩整治和修复中起到了关键作用。通过实施生态修复工程、监测生态环境，这些机构确保了治理项目的顺利进行。它们的核心地位还表明，专业知识和技术在环境治理中的重要性，这些机构能够提供科学指导和技术支持，推动治理项目的实施。

（6）象山港蓝色海湾整治领导小组网络

在象山港蓝色海湾整治领导小组网络中，宁波市政府和市环保局是主要的行动者。宁波市政府的度数中心度为 1.000，中间中心度为 4.804，显示出其绝对核心地位和桥梁作用。市环保局的度数中心度为 0.923，中间中心度为 4.062，也表明其在网络中的重要角色。

这些数据表明，政府部门在象山港的蓝色海湾整治中起到了主导作用。通过制定和实施综合治理计划、协调各部门的行动，政府部门确保了治理目标的实现。宁波市政府在网络中的核心地位还表明，政府在环境治理中的统筹协调能力，这种能力对于整合资源和推动政策实施至关重要。

通过比较这六个治理网络的度数中心度和中间中心度，可以看出，不同类型的行动者在不同治理网络中的角色和权力分布存在显著差异。在坦帕湾河口计划中，虽然 EPA、SWFWMD 和 TBRPC 在各自网络中发挥了重要作用，但总体上，这些网络表现出较为分散的权力分布特点，多个行动者共同参与治理，信息和资源的传递较为均衡。而在象山港的治理网络中，政府部门普遍具有较高的中心势和密度，显示出强大的主导地位。

这种差异主要源于两个治理项目的不同政治和行政体制背景。坦帕湾河口计划在美国的联邦制框架下运作，治理网络中多方参与，权力分散，强调合作和协商。各行动者在政策制定和实施中具有相对独立性，这有助于提高治理的灵活性和创新性。而象山港蓝色海湾整治项目，政府部门在治理网络中具有较强的控制力和决策权，能够迅速动员资源、统一行动，但也可能限制其他行动者的参与和创新能力。

2. 探讨领导型治理网络与共享型治理网络的优劣势

在坦帕湾河口计划和象山港蓝色海湾整治项目中，治理网络的结构呈现出两种不同的模式：领导型治理网络和共享型治理网络。领导型治理网络通常由少数核心行动者主导，集中决策和资源分配；而共享型治理网络则强调多方参与，信息和资源较为均衡地分布在各行动者之间。以下将结合坦帕湾和象山港的各个治理网络，探讨这两种网络模式的优劣势。

（1）领导型治理网络的优势

领导型治理网络的第一个优势是快速决策和高效执行。领导型治理网络的一个显著优势是其决策和执行的速度较快。在象山港的治理网络中，政府部门尤其是宁波市政府和相关地方政府部门在网络中具有较高的度数中心度和中间中心度，这意味着这些核心行动者在信息和资源传递中占据重要位置。由于权力集中，政策制定和执行过程可以迅速推进。例如，在象山港入海污染物总量控制网络中，宁波市象山港区域统筹发展领导小组办公室和象山县政府主导了关键决策和资源分配，确保了治理措施的快速落实。

领导型治理网络的第二个优势是资源整合和动员能力强。领导型治理网络中的核心行动者通常具有较强的资源整合和动员能力。在象山港蓝色海湾整治行动领导小组网络中，宁波市政府和市环保局通过其高中心势和高密度的网络结构，能够有效整合各方资源，协调各部门的行动。这种集中的资源管理方式有助于优化资源配置，提高治理项目的效率和效果。例如，象山港蓝色海湾整治项目在岸滩整治修复和污染物总量控制方面取得了显著成效，主要得益于政府部门的强大动员和协调能力。

领导型治理网络的第三个优势是政策一致性和执行力。在领导型治理网络中，核心行动者通过集中的决策机制可以确保政策的一致性和执行力。象山港的治理网络中，政府部门通过制定统一的治理政策和标准，推动各项环境治理措施的实施。例如，在象山港入海污染物总量控制治理网络中，通过统一的排放标准和严格的监督机制，有效控制了工业和农业污染源的排放。这种政策的一致性和强大的执行力，有助于确保治理目标的实现和环境质量的改善。

（2）领导型治理网络的劣势

领导型治理网络的第一个劣势是缺乏灵活性和适应性。尽管领导型治理网络在决策和执行速度方面具有优势，但其集中化的结构可能缺乏灵活性和适应性。在象山港的治理网络中，尽管政府部门能够迅速动员资源和推进治理措施，但在应对突发环境问题和复杂生态系统变化时，可能显得不够灵活。例如，在某些情况下，过于集中化的决策机制可能无法及时调整治理策略，应对动态变化的环境问题。

领导型治理网络的第二个劣势是缺乏信息不对称和权力过于集中。领导型治理网络中的信息不对称问题较为突出，权力过于集中在少数核心行动者手中，可能导致信息传递不畅和治理效果的不平衡。在象山港的治理网络中，尽管政府部门主导了主要的决策和资源分配，但其他非政府行动者如企业和社会组织的参与度较低。这种信息不对称和权力集中可能限制了多方参与和治理创新的空间，影响了治理网络的整体效能。

领导型治理网络的第三个劣势是多方参与和创新能力受限。领导型治理网络中，尽管核心行动者能够有效整合资源和推进治理措施，但多方参与和创新能力可能受到限制。在象山港的治理网络中，尽管政府部门在治理过程中发挥了主导作用，但企业、社会组织和学术机构的参与度相对较低，导致治理网络的多样性和创新能力不足。这种结构可能限制了不同利益相关者的意见表达和创新能力的发挥，影响了治理措施的多样性和有效性。

（3）共享型治理网络的优势

共享型治理网络的一个显著优势是多方参与和协作。在坦帕湾河口计划中，各行动者在治理网络中具有较为均衡的度数中心度和中间中心度，这意味着信息和资源在网络中较为均衡地分布。各行动者能够充分发挥各自的角色和优势，促进信息共享和资源整合。例如，在坦帕湾改善水质网络中，美国环境保护署虽然是核心行动者，但其他政府部门、企业和社会组织也在治理过程中发挥了重要作用，共同推动了水质改善目标的实现。

共享型治理网络的第二个优势是灵活性和适应性。共享型治理网络由于权力和资源较为分散，具有较高的灵活性和适应性。坦帕湾的治理网络通过多方参与和协作，能够快速应对环境变化和突发事件。例如，在坦帕湾的栖息地修复与保护网络中，西南佛罗里达水资源管理区和佛罗里达复原力和沿海保护办公室通过紧密合作，能够及时调整治理策略，应对生态系统的动态变化。这种灵活性和适应性有助于提高治理网络的应对能力和整体效能。

共享型治理网络中的信息共享和创新能力较强。在坦帕湾的治理网络中，各行动者之间的信息流动顺畅，资源共享频繁，促进了治理创新和协作。例如，在坦帕湾河口计划的政策制定网络中，坦帕湾地区规划委员会和佛罗里达州水域管理区通过多方协作和信息共享，推动了创新政策的制定和实施。这种信息共享和创新能力有助于提高治理网络的整体效能，推动环境治理目标的实现。

（4）共享型治理网络的劣势

共享型治理网络的第一个劣势是决策和执行速度较慢。共享型治理网络由于多方参与和协商，决策和执行速度相对较慢。在坦帕湾的治理网络中，尽管多方参与和信息共享促进了治理创新，但也增加了决策和执行的复杂性。例如，在坦帕湾的改善水质网络中，尽管各行动者在治理过程中发挥了重要作用，但由于需要协调多个利益相关者，决策和执行过程较为繁琐，可能导致治理进度的延缓。

共享型治理网络的第一个劣势是协调难度和利益冲突。共享型治理网络中的协调难度较大，容易出现利益冲突。在坦帕湾的治理网络中，由于各行动者具有相对独立性，利益诉求不同，协调和协商的难度较大。例如，在坦帕湾的栖息地修复与保护网络中，尽管西南佛罗里达水资源管理区和佛罗里达复原力和沿海保护办公室在治理过程中发挥了重要作用，但在利益协调和资源分配方面可能存在冲突，影响治理效果。

共享型治理网络中的资源分散和管理挑战较大。在坦帕湾的治理网络中，尽管多方参与和资源共享促进了治理创新，但资源的分散性增加了管理的复杂性。例如，在坦帕湾的政策制定网络中，尽管坦帕湾地区规划委员会和佛罗里达州水域管理区通过多方协作推动了政策制定，但资源的分散性增加了治理项目的管理难度，可能影响治理目标的实现。

通过对坦帕湾河口计划和象山港蓝色海湾整治网络的分析，可以看出领导型治理网络和共享型治理网络各有优劣。领导型治理网络在决策和执行速度、资源整合和动员能力以及政策一致性和执行力方面具有优势，但其缺乏灵活性和适应性，信息不对称和权力集中，限制了多方参与和创新能力。共享型治理网络在多方参与和协作、灵活性和适应性以及信息共享和创新能力方面具有优势，但其决策和执行速度较慢，协调难度大，资源分散和管理挑战较大。

第二节　治理模式对海洋环境治理绩效的影响

在坦帕湾和象山港的海洋环境治理中，不同的治理模式直接影响了政策制定与实施、多方参与与合作机制以及资源整合与利用效率，从而最终决定了治理绩效。坦帕湾主要采用共享型治理网络模式，而象山港则采取领导型治理网络模式。这两种模式在治理结构、参与者互动方式、资源配置和管理机制等方面存在显著差异，从而在不同的治理环境中展现出各自的优劣。

坦帕湾的共享型治理网络模式强调多方参与和协作，旨在通过广泛的利益相关者合作实现环境治理目标。该模式下，各行动者之间的信息流动和资源共享较为频繁，政策制定过程通常包含多方意见和建议，决策相对民主和透明。共享型治理模式有助于提升治理网络的灵活性和适应性，能够更好地应对复杂和多变的环境问题。然而，多方参与的决策过程也可能导致治理效率的降低，尤其是在协调不同利益和观点时，可能面临较大的挑战。

象山港的领导型治理网络模式则由政府部门主导，集中决策和资源分配。该模式下，核心行动者在信息和资源传递中占据重要位置，能够迅速制定和实施政策，动员和整合资源以实现治理目标。领导型治理网络在决策和执行速度、政策一致性和资源动员能力方面具有明显优势，但其集中化的结构可能限制多方参与和治理创新，信息不对称和权力集中问题较为突出，可能影响治理的公平性和透明度。

本节将深入比较坦帕湾和象山港两个治理网络的政策制定与实施模式，分析多方参与和合作机制的差异，并探讨资源整合与利用效率对治理绩效的影响。通过系统的比较分析，可以更全面地了解不同治理模式在海洋环境治理中的实际表现和影响机制，为其他地区的环境治理提供宝贵的经验和启示。

一、政策制定与实施模式的对比

政策制定和实施是环境治理中至关重要的环节，不同的治理网络模式在这方面的表现有显著差异。坦帕湾河口计划和象山港蓝色海湾治理项目在政策制定和实施模式上分别采用了共享型治理网络和领导型治理网络，这两种模式在治理过程中的运作机制、决策效率和政策执行力方面存在明显的不同。坦帕湾河口计划的共享型治理网络通过广泛的利益相关者参与和协作，在政策制定过程中注重多方意见的融合和共识的达成，从而提升了政策的接受度和执行效果。然而，这种多方参与的模式也可能面临决策周期长、协调难度大的挑战。象山港的领导型治理网络则由政府部门主导，通过集中决策和资源整合，能够迅速制定和实施治理政策。这样的模式在应对紧急环境问题和推进重大治理项目时具有明显的效率优势，但也可能限制多方参与和创新，导致信息不对称和决策单一的问题。本节将通过对比两个治理网络的政策制定和实施模式，探讨政策的一致性和灵活性对治理绩效的影响，为优化环境治理模式提供科学依据和实践指导。

1. 比较两种治理网络模式的政策制定和实施模式

政策制定和实施是环境治理中至关重要的环节，不同的治理网络模式在这方面的表现有显著差异。坦帕湾河口计划和象山港蓝色海湾治理项目在政策制定和实施模式上分别采用了共享型治理网络和领导型治理网络，这两种模式在治理过程中的运作机制、决策效率和政策执行力方面存在明显的不同。表 4.2 对比了坦帕湾河口计划和象山港治理网络在政策制定和实施模式上的主要差异。

表 4.2　两种治理网络模式的比较分析

比较维度	坦帕湾河口计划	象山港蓝色海湾治理项目
治理网络模式	共享型治理网络	领导型治理网络
主要决策机构	多方协作，包括政府、企业、NGO、学术机构	政府主导
政策制定过程	广泛协商，集思广益，重视多方意见	集中决策，快速反应
政策实施方式	多方共同参与，分工合作	政府主导，集中执行
信息流动	开放透明，多方信息共享	相对封闭，信息集中于政府部门
资源分配	资源共享，灵活调配	资源集中调配，快速响应
协调机制	利益相关者定期会议，达成共识	政府主导的协调会议，快速决策
优势	包容性强，政策接受度高，适应性强	决策和执行速度快，效率高
劣势	决策过程复杂，时间较长，协调难度大	多方参与度低，可能导致决策信息不对称

坦帕湾河口计划采用共享型治理网络模式，其主要特点是多方协作和广泛参与。在政策制定过程中，坦帕湾通过包括政府、企业、非政府组织（NGO）和学术机构在内的多方协作，进行广泛的协商和意见收集。这样的模式确保了政策的制定能够充分考虑到各方的利益和观点，从而提高了政策的接受度和执行效果。多方协作的决策过程虽然可能较为复杂且耗时较长，但通过利益相关者定期会议和共识达成机制，坦帕湾河口计划能够在环境治理中展示出较强的包容性和适应性。

象山港蓝色海湾治理项目则采用领导型治理网络模式，由政府部门主导政策制定和实施。政府部门在这一模式中占据核心地位，负责快速决策和集中执行。这样的模式在应对紧急环境问题和推进重大治理项目时具有明显的效率优势。通过政府主导的协调会议和快速决策机制，象山港能够迅速整合资源并集中调配，确保政策的快速落实。然而，这种模式的劣势在于多方参与度较低，可能导致信息不对称和决策的单一性，限制了治理网络的包容性和创新能力。

在坦帕湾河口计划中，主要决策机构由多方组成，包括政府部门、企业、非政府组织和学术机构等。这些机构通过合作伙伴关系和利益相关者会议，共同参与政策制定和实施。这样的多方协作机制不仅能够集思广益，还能通过协商和讨论，确保政策的制定能够最大限度地反映各方的利益和需求。相比之下，象山港蓝色海湾治理项目的决策机构主要是政府部门，特别是由宁波市政府主导。政府部门在这一模式中发挥着核心作用，通过集中决策和执行，确保政策的快速落地和有效实施。

坦帕湾河口计划的政策制定过程注重广泛的协商和多方意见的融合。在制定政策时，各利益相关者通过定期会议和讨论，共同参与政策的制定。这种协商机制能够确保政策的制定过程透明、公正，并能够充分考虑到各方的利益和需求，从而提高政策的接受度和执行效果。然而，这样的协商过程也可能导致决策周期较长，协调难度较大。在象山港的政策制定过程中，政府部门通过集中决策，快速反应和执行。政府主导的决策模式能够在较短时间内制定出应对环境问题的政策，并通过政府的强制执行力，确保政策的快速实施。这样的模式在面对紧急环境问题时具有明显的优势，但也可能因为缺乏多方参与而导致政策的包容性和适应性较弱。

在政策实施方式上，坦帕湾河口计划通过多方共同参与和分工合作，确保治理项目的有效实施。各利益相关者在政策实施过程中，按照分工合作的原则，共同推进治理项目的落实。这种多方参与的实施方式能够确保资源的有效利用和信息的充分共享，提高治理项目的执行效果。象山港蓝色海湾治理项目则由政府部门主导政策的实施。政府通过集中推动执行的方式，快速推进治理项目的实施。这种集中执行的模式能够确保政策的快速落地和资源的集中利用，但也可能因为多方参与度较低而导致实施过程中出现信息不对称和资源分配不均的问题。

坦帕湾河口计划的治理网络信息流动较为开放透明，各行动者之间的信息共享机制健全。这种信息流动的开放性不仅能够提高治理过程中的透明度，还能够促进各方的合作与协调，确保治理项目的顺利推进。资源分配方面，坦帕湾通过灵活调配各方资源，确保资源能够得到最大限度的利用。象山港的治理网络信息流动相对封闭，信息主要集中在政府部门之间。虽然这样的模式能够确保决策和执行的高效，但也可能因为信息不对称而影响治理项目的公平性和透明度。在资源分配方面，象山港通过政府的集中调配，能够快速响应治理需求，但也可能因为资源分配的集中化而限制其他行动者的自主性和创新能力。

坦帕湾河口计划通过利益相关者定期会议和共识达成机制，确保各方在治理过程中的协调与合作。这种协调机制不仅能够提高决策的公正性和透明度，还能够通过多方参与和协商，确保治理项目的有效实施。象山港则通过政府主导的协调会议和快速决策机制，确保政策的快速落地和资源的集中利用。这样的协调机制在应对紧急环境问题时具有明显的优势，但也可能因为多方参与度较低而导致决策过程中出现信息不对称和资源分配不均的问题。

坦帕湾河口计划的共享型治理网络模式具有包容性强、政策接受度高和适应性强的优势。通过多方参与和协作，坦帕湾能够在治理过程中集思广益，确保政策的公平性和透明度。然而，这种多方协作的模式也面临着决策过程复杂、时间较长和协调难度大的挑战。在象山港的领导型治理网络模式中，政府部门通过集中决策和执行，能够快速推进治理项目的实施。这样的模式在应对紧急环境问题和推进重大治理项目时具有明显的效率优势，但也可能因为多方参与度较低而导致信息不对称和决策的单一性，限制了治理网络的包容性和创新能力。

通过对比坦帕湾河口计划和象山港治理网络的政策制定和实施模式，我们可以发现，不同的治理网络模式在决策效率、执行效果和政策包容性方面各有优劣。坦帕湾的共享型治理网络通过广泛的利益相关者参与和协作，能够在治理过程中集思广益，确保政策的公平性和透明度。然而，这种模式也面临着决策周期长、协调难度大的挑战。象山港的领导型治理网络则通过政府主导的集中决策和执行，能够快速推进治理项目的实施，确保政策的快速落地和资源的集中利用。然而，这种模式的劣势在于多方参与度较低，可能导致信息不对称和决策的单一性，限制了治理网络的包容性和创新能力。因此，在环境治理过程中，应根据具体情况选择适合的治理网络模式，结合共享型和领导型治理网络的优势，优化政策制定和实施机制，提高治理效率和效果。

2. 探讨政策一致性和灵活性对治理绩效的影响

在环境治理中，政策的一致性和灵活性是影响治理绩效的重要因素。政策一致性确保了治理目标和措施的连续性和稳定性，而灵活性则允许在面对复杂和动态的环境问题时，及时调整和优化治理策略。

下面通过关系图展示政策一致性和灵活性对治理绩效的多维影响，并进一步分析其中的机制。

政策一致性和灵活性对治理绩效的影响可以从多个方面分析，如稳定的治理框架、连续的政策执行、动态适应能力和多方参与与反馈。政策一致性和灵活性之间存在互补关系，共同促进环境治理的有效性和可持续性（见图4.1）。

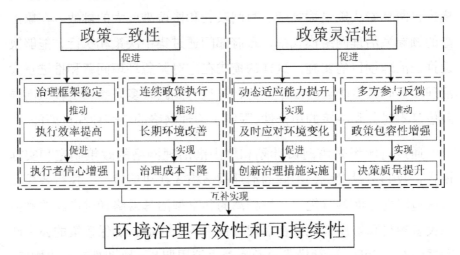

图 4.1　政策一致性和灵活性对治理绩效的影响

（1）稳定的治理框架和执行效率

政策一致性提供了一个稳定的治理框架，使得治理行动能够在一个明确的方向和目标下持续进行。以坦帕湾河口计划为例，该计划在过去几十年里，通过持续的政策执行和多方合作，逐步改善了河口和海湾的水质和生态环境。政策的一致性使得各参与者能够明确治理目标和责任，从而提高执行效率。稳定的政策框架增强了行动者的信心，使得各方能够持续投入资源和努力，实现长期治理目标。

象山港的蓝色海湾治理项目同样受益于政策一致性。在政府主导下，治理项目得以在一个连续和稳定的框架内推进，确保了政策的持续执行和有效落实。例如，象山港入海污染物总量控制治理网络通过连续的政策执行,实现了污染物排放的有效控制和水质的显著改善。政策一致性减少了治理过程中的不确定性和变化,降低了治理成本,提高了治理绩效。

(2)连续的政策执行和长期环境效果

连续的政策执行对于改善长期环境效果至关重要。坦帕湾河口计划在政策制定和实施过程中,通过多方协作和一致的政策执行,逐步实现了水质改善和生态恢复。连续的政策执行使得治理行动能够形成合力,积累效果,从而实现显著的环境改善。例如,通过持续的污染控制和生态恢复措施,坦帕湾的水质和生态环境得到了显著提升,成为全球环境治理的典范。

象山港的治理项目同样体现了连续政策执行的重要性。通过连续的污染控制和生态修复政策,象山港的水质和生态环境也得到了显著改善。连续的政策执行减少了治理过程中的反复和中断,使得治理措施能够持续发挥作用,积累效果,从而实现长期的环境改善目标。

(3)动态适应能力和创新治理措施

政策的灵活性使得治理网络能够动态适应环境变化,及时调整治理策略,采用创新的治理措施。坦帕湾河口计划通过灵活的政策调整和创新治理措施,及时应对环境变化和新出现的问题。例如,通过动态监测和评估,坦帕湾河口计划能够根据实际情况及时调整污染控制和生态恢复措施,确保治理行动的有效性和适应性。

象山港的蓝色海湾治理项目同样需要灵活的政策调整来应对复杂的环境问题。尽管象山港的治理网络主要采用领导型模式,但在实际操作中,灵活的政策调整和创新治理措施也是必不可少的。通过灵活的政策调整,象山港的治理项目能够及时应对新的环境挑战,采用创新的治理技术和措施,提高治理效果。

（4）多方参与与反馈和决策质量

政策的灵活性还体现在多方参与与反馈机制上。坦帕湾河口计划通过广泛的多方参与和反馈机制，增强了政策的包容性和决策质量。多方参与不仅增加了政策制定的透明度和公正性，还通过利益相关者的广泛参与和协作，提高了政策的适应性和创新能力。例如，通过定期的利益相关者会议和公开咨询，坦帕湾河口计划能够及时获取各方的反馈和意见，优化治理策略，提高治理效果。

象山港的治理项目尽管以政府主导为主，但多方参与和反馈机制同样重要。通过广泛听取各方意见和建议，象山港的治理项目能够在政策制定和实施过程中，不断优化和调整，提高决策质量和治理效果。例如，通过专家咨询和公众参与，象山港的治理项目能够获取最新的技术和管理经验，采用更加科学和有效的治理措施，提高治理绩效。

政策一致性和灵活性在环境治理中具有重要的互补作用。政策的一致性提供了稳定的治理框架和连续的政策执行，确保了治理行动的方向和目标明确，提高了执行效率和长期环境效果。政策的灵活性则增强了治理网络的动态适应能力和创新治理能力，通过多方参与和反馈机制，提高了决策质量和治理效果。坦帕湾河口计划和象山港蓝色海湾治理项目的经验表明，结合政策一致性和灵活性，能够在环境治理中取得显著的成效，提高治理绩效和可持续性。

二、多方参与与合作机制

多方参与与合作机制在环境治理网络中起着至关重要的作用。通过吸引不同利益相关者的参与和协作，可以实现资源的有效整合、信息的全面共享以及治理措施的科学制定和实施。坦帕湾和象山港作为典型的环境治理案例，在多方参与和合作机制方面表现出显著的差异，这不仅反映了两地在治理模式上的不同选择，也体现了各自的政治、经济和社会背景对治理实践的深远影响。坦帕湾的环境治理网络较为开放和包容，通过鼓励多方参与，形成了政府部门、企业、非政府组织和公众共同参与的治理格局。象山港则更侧重于政府主导下的多方协作，通过强有力的行政手段和政策引导，推动各方力量共同参与环境治理。在这一部分中，我们将深入分析坦帕湾和象山港在多方参与和合作机制方面的差异，探讨这些差异对环境治理绩效的影响，并进一步探讨跨部门、跨领域合作在提升环境治理效果中的作用。通过比较分析，可以揭示出不同治理网络在多方参与和合作机制上的优势和不足，为其他地区提供有价值的借鉴和参考。

1. 分析坦帕湾与象山港在多方参与和合作机制方面的差异

多方参与与合作机制在环境治理中至关重要。通过吸引不同利益相关者的参与和协作，可以实现资源的有效整合、信息的全面共享以及治理措施的科学制定和实施。坦帕湾和象山港作为典型的环境治理案例，在多方参与和合作机制方面表现出显著的差异（见表4.3）。这不仅反映了两地在治理模式上的不同选择，也体现了各自的政治、经济和社会背景对治理实践的深远影响。

表 4.3　坦帕湾与象山港多方参与和合作机制比较

维度	坦帕湾	象山港
政府角色	多部门协调，政府作为引导者	政府主导，强有力的行政手段和政策引导
企业参与	高度参与，企业作为主要利益相关者之一	较低，企业主要配合政府要求参与
非政府组织	积极参与，作为重要合作伙伴	较少，主要集中在环保类非政府组织
公众参与	广泛参与，通过公众咨询、志愿者活动等形式，	较少，公众参与主要通过政府组织的活动
合作机制	建立合作伙伴关系，共享信息和资源	政府主导下的多方协作，信息和资源主要由政府掌控
跨部门合作	高度跨部门合作，政府内部和外部组织密切合作	跨部门合作较少，主要集中在政府内部的不同部门

续表

维度	坦帕湾	象山港
跨领域合作	强调跨领域合作，整合环境、经济和社会各方面资源	跨领域合作有限，主要集中在环境和经济领域
合作模式	合作伙伴关系，平等协商与决策	政府主导的合作模式，各方按政府要求进行协作
资源整合	多方共同出资，资源共享	资源主要由政府整合，企业和其他组织按照政府要求提供支持
信息共享	高度透明，信息公开，促进各方参与	信息主要由政府控制，信息共享机制较少，透明度较低

（1）政府角色

在坦帕湾的环境治理中，政府扮演着引导者的角色，通过多部门协调和政策引导，促进不同利益相关者的参与。政府不仅制定政策，还通过各种平台和机制，推动企业、非政府组织和公众的广泛参与。这种引导型的治理模式有助于多方合作，提升治理效率。象山港的环境治理中，政府则扮演着主导角色，通过强有力的行政手段和政策引导，推动各方力量参与环境治理。政府不仅是政策的制定者和执行者，还通过行政命令和财政支持，协调企业和社会组织的参与。这种政府主导的模式确保了政策的快速执行和资源的集中调配，但在多方参与和自主决策方面存在不足。

（2）企业参与

坦帕湾的企业在环境治理中扮演着重要角色。作为主要的利益相关者之一，企业不仅在经济上支持环境治理项目，还积极参与治理计划的制定和实施。例如，坦帕湾附近的电力公司、水务公司和氮气公司等企业在改善水质和污染控制方面发挥了重要作用。企业的高度参与提升了治理效果，促进了经济与环境的协调发展。象山港的企业参与相对较低，主要是按照政府的要求参与环境治理。企业在环境治理中的角色更多的是配合政府的要求，提供必要的资金和技术支持。例如，象山港湾水产苗种有限公司和求实船舶清洁有限公司在污染控制和岸滩修复方面发挥了一定作用，但总体参与度较低。这种低参与度限制了企业在治理过程中的创新和积极性。

（3）非政府组织

在坦帕湾，非政府组织积极参与环境治理，成为政府和企业的重要合作伙伴。非政府组织通过倡导、教育和具体的环保行动，推动环境治理的实施。例如，坦帕湾氮管理联盟和坦帕湾附近的农业利益集团在污染控制和水质改善方面做出了积极贡献。非政府组织的广泛参与增强了治理网络的多样性和灵活性。在象山港，非政府组织的参与较少，主要集中在环保类非政府组织。尽管这些组织在环境治理中发挥了一定作用，但总体影响力有限，无法与坦帕湾的非政府组织相比。非政府组织的低参与度限制了社会资源的整合和多元化治理的实现。

（4）公众参与

坦帕湾的公众参与广泛，通过公众咨询、志愿者活动等形式，公众在环境治理中发挥了重要作用。公众不仅通过投票和咨询表达对环境政策的意见，还积极参与环境保护活动，提高了环境治理的效果。公众的广泛参与促进了治理的透明度和公众信任度。象山港的公众参与相对较少，主要通过政府组织的活动参与环境治理。公众的参与方式主要是响应政府的号召，参与志愿者活动和环境教育活动，公众在政策制定和决策中的影响力较小。公众参与度的不足限制了社会监督和公众对治理过程的信任。

（5）合作机制

坦帕湾建立了完善的合作机制，通过共享信息和资源，促进各方的合作。政府、企业、非政府组织和公众通过合作伙伴关系，共同制定和实施环境治理计划，提高了治理效率和效果。合作机制的完善促进了信息流动和资源整合。象山港的合作机制主要是政府主导下的多方协作，信息和资源主要由政府掌控。虽然政府通过行政手段推动各方合作，但缺乏坦帕湾那样的平等协商和自主参与机制，合作的广度和深度受到一定限制。合作机制的不足影响了多方协作的效果和资源利用效率。

（6）跨部门合作

坦帕湾的环境治理中高度重视跨部门合作，政府内部和外部组织密切合作，形成合力。例如，美国环境保护署、西南佛罗里达水资源管理区和佛罗里达复原力和沿海保护办公室等部门在政策制定和实施过程中紧密协作。跨部门合作的加强提高了治理的综合性和协调性。象山港的环境治理中跨部门合作较少，主要集中在政府内部的不同部门。尽管各部门在政府的统一指挥下协同工作，但缺乏跨部门、跨领域的综合治理机制，合作的效率和效果有待提高。跨部门合作的不足限制了资源整合和综合治理的实现。

（7）跨领域合作

坦帕湾强调跨领域合作，整合环境、经济和社会各方面的资源，推动综合治理。例如，坦帕湾地区的环境治理项目不仅关注水质和生态恢复，还注重社会经济发展的协调统一。跨领域合作的加强促进了综合治理和可持续发展。象山港的跨领域合作有限，主要集中在环境和经济领域。政府在推进环境治理项目时，更多关注的是经济效益和环境保护的直接关系，缺乏对社会、文化等方面资源的综合整合。跨领域合作的不足限制了综合治理和可持续发展的实现。

（8）合作模式

坦帕湾的合作模式主要是合作伙伴关系，各方通过平等协商与决策，共同制定和实施环境治理计划。这种模式提高了各方的参与积极性和治理效果。合作模式的平等性和自主性促进了多方参与和创新。

象山港的合作模式是典型的政府主导模式，各方按照政府的要求进行协作。这种模式虽然确保了政策的快速执行和资源的集中调配，但在多方参与和自主决策方面存在一定不足。合作模式的集中性和行政性限制了多方参与和创新。

（9）资源整合

在坦帕湾，多方共同出资，资源共享，形成了良好的资源整合机制。政府、企业和非政府组织共同投入资金和资源，确保环境治理项目的顺利实施。资源整合的多样性和共享性提高了资源利用效率和治理效果。象山港的资源整合主要由政府主导，企业和其他组织按照政府的要求提供支持。尽管政府通过财政支持和行政手段确保资源的集中使用，但缺乏多方共同出资和资源共享机制，资源整合的效率和效果有待提高。资源整合的单一性和集中性限制了资源利用效率和治理效果。

（10）信息共享

坦帕湾的环境治理中高度重视信息共享，通过信息公开和透明的治理机制，促进各方的参与和监督。政府、企业、非政府组织和公众通过共享信息，提高了治理的透明度和公信力。信息共享的公开性和透明性促进了治理的科学性和民主性。象山港的信息共享主要由政府控制，信息共享机制较少，透明度较低。虽然政府通过行政手段和政策推动信息的公开，但缺乏坦帕湾那样的多方信息共享机制，信息的公开性和透明度有待提高。信息共享的不足限制了多方参与和监督，影响了治理的科学性和民主性。

通过比较坦帕湾和象山港在多方参与和合作机制方面的差异，可以看出，坦帕湾在多方参与、合作机制、跨部门和跨领域合作、资源整合和信息共享方面具有显著优势。而象山港则在政府主导、政策执行和资源集中调配方面具有明显优势。要进一步提升象山港的环境治理效果，可以借鉴坦帕湾的经验，建立更加开放和包容的合作机制，促进多方参与和资源共享，提高治理网络的整体效能。

2. 探讨跨部门、跨领域合作对环境治理的促进作用

跨部门、跨领域合作是现代环境治理中不可或缺的重要机制。通过整合不同部门和领域的资源、知识和技术，能够更全面、有效地应对复杂的环境问题。坦帕湾和象山港在这方面的实践，为我们提供了宝贵的经验和教训。以下将深入探讨跨部门、跨领域合作在这两个案例中的作用及其对环境治理的促进效果。

（1）资源整合与利用效率提升

跨部门合作可以有效整合各部门的资源，提高资源的利用效率。以坦帕湾为例，环境保护署、佛罗里达水资源管理区和地方政府部门在改善水质和栖息地修复项目中，紧密合作，共享资金、技术和人力资源。这种多部门的资源整合不仅减少了重复投资和资源浪费，还提高了治理项目的执行效率和效果。通过跨部门的合作，坦帕湾能够更迅速地响应环境问题，实施综合性的解决方案，从而显著改善了当地的水质和生态环境。象山港在岸滩整治修复项目中，也体现了跨部门合作的优势。地方政府部门如海洋与渔业局、生态环境局、自然资源和规划局等，协同工作，共同制定和实施治理计划。各部门在项目中各司其职，发挥自身的专业优势，通过紧密合作，实现了资源的高效配置和利用。虽然象山港的跨部门合作在广度和深度上仍有提升空间，但这种协作模式已经在治理项目中展现出积极的效果。

（2）信息共享与决策科学性

跨部门、跨领域合作促进了信息共享，提升了决策的科学性。在坦帕湾，环境治理项目中的各参与方通过建立信息共享平台，实时共享监测数据、研究成果和治理经验。这种透明的信息交流机制，不仅提高了各方对环境问题的认识，还为科学决策提供了坚实的基础。通

过多方的信息共享和协同分析，坦帕湾能够及时调整治理策略，实施科学、有效的环境保护措施。象山港的治理项目中，虽然信息共享的机制相对较少，但在政府主导下，各部门仍能通过定期会议和联合工作组，交流信息和协调行动。这种信息共享机制在一定程度上提高了治理项目的透明度和科学性。然而，要进一步提升象山港的治理效能，还需要建立更加开放和高效的信息共享平台，促进各部门和领域间的实时沟通和协作。

（3）综合治理与多目标协调

环境问题往往涉及多个方面，需要综合治理和多目标协调。跨部门、跨领域合作能够整合不同领域的目标，制定综合性的治理方案。在坦帕湾，治理网络中的各参与方不仅关注水质和生态恢复，还注重社会经济发展的协调统一。例如，环保署与地方经济发展部门合作，在实施环境保护措施的同时，推动绿色经济发展，创造就业机会，实现生态保护与经济发展的双赢。象山港的蓝色海湾整治行动领导小组，通过跨部门合作，制定了涵盖污染物控制、生态修复和经济发展的综合治理方案。各部门在治理项目中不仅关注环境指标的改善，还致力于提高当地居民的生活质量和经济收益。这种多目标的协调和综合治理，有助于实现可持续发展的目标，提升治理项目的整体效益。

（4）创新能力与应急响应

跨部门、跨领域合作能够促进创新，提升应急响应能力。在坦帕湾，治理项目中的各参与方通过合作，分享技术和管理经验，推动环境治理技术和方法的创新。例如，通过与科研机构和大学的合作，坦帕湾引入了先进的水质监测技术和生态修复方法，提高了治理项目的科学性和效果。跨部门合作还增强了应对突发环境事件的能力，各部门能够迅速协调，联合行动，及时应对环境危机，减少环境损害。象山港的治理项目中，虽然创新能力和应急响应机制还需进一步加强，但通过跨部门的合作，已经初步建立了应对环境突发事件的联合响应机制。各部门在环境治理中，逐步引入新的技术和方法，提高了治理项目的创新性和科学性。未来，象山港需要进一步深化跨部门合作，增强技术创新和应急响应能力，以更好地应对复杂多变的环境问题。

（5）社会资本与信任建设

跨部门、跨领域合作有助于建立社会资本和增强信任。通过多方合作，坦帕湾的各利益相关者在治理项目中建立了牢固的合作关系，增强了相互之间的信任和支持。这种社会资本不仅有助于项目的顺利实施，还提升了各方对环境治理的信心和承诺。象山港的治理项目中，通过政府部门的主导和各方的参与，也逐步建立了合作基础和信任关系。然而，由于合作机制的相对封闭，信任建设的效果还需进一步提升。

（6）制度创新与治理效能

跨部门、跨领域合作推动了制度创新，提升了治理效能。在坦帕湾，通过多部门和多领域的合作，建立了一系列新的制度和机制，如环境保护政策、经济激励措施和公众参与制度。这些制度创新有效提高了环境治理的效能，促进了治理目标的实现。象山港的治理项目中，虽然制度创新的步伐相对缓慢，但通过跨部门合作，已经初步建立了一些新的治理机制和政策，推动了治理项目的顺利实施。

（7）多方参与与公共监督

跨部门、跨领域合作促进了多方参与和公共监督。在坦帕湾，通过跨部门合作，建立了公众参与平台，吸引了广大公众和非政府组织的积极参与。这种多方参与机制提高了治理项目的透明度和公信力，增强了公共监督的效果。象山港的治理项目中，虽然公众参与和公共监督的机制还需进一步完善，但通过政府主导的多方合作，已经初步形成了公众参与和监督的良好局面。

跨部门、跨领域合作在环境治理中发挥着重要作用，通过整合资源、共享信息、综合治理、促进创新、建立社会资本和推动制度创新，有效提升了治理效能和效果。坦帕湾和象山港的实践表明，跨部门合作能够增强环境治理的综合性和协调性，跨领域合作能够推动环境治理与社会经济发展的协调统一。未来，为了进一步提升象山港的环境治理效果，应借鉴坦帕湾的成功经验，深化跨部门、跨领域合作，建立更加开放和包容的合作机制，促进多方参与和资源共享，提高治理网络的整体效能。

三、资源整合与利用效率

资源整合与利用效率是环境治理网络有效性的关键因素之一。通过优化资源的配置和使用，治理网络可以更高效地实施环境政策和项目，从而提高整体的治理绩效。资源的合理分配和高效利用，不仅有助于加快项目实施进度，还可以提升环境恢复和保护的质量。在坦帕湾和象山港的环境治理实践中，资源整合和利用效率的表现各有特点，这在很大程度上决定了各自治理网络的成功与否。

坦帕湾河口计划和象山港蓝色海湾整治项目都强调了跨部门和跨领域的资源共享与合作，但两者在资源整合机制和效率上存在明显差异。坦帕湾通过成熟的合作机制和政策支持，实现了资源的高效整合，而象山港虽然资源丰富，但在资源配置和管理上还面临一些挑战。本部分将深入比较这两个治理网络在资源整合与利用效率方面的表现，分析资源管理机制如何影响到环境治理的具体成效，以及如何通过改进资源管理策略来提升环境治理绩效。

1. 比较坦帕湾和象山港治理网络在资源整合与利用效率方面的表现

在环境治理中，资源整合与利用效率是衡量治理网络绩效的重要指标。通过有效的资源整合和利用，治理网络能够更加高效地实现环境改善目标。坦帕湾和象山港虽然均采取了积极的环境治理措施，但两者在资源整合与利用效率方面的表现存在显著差异，这些差异反映了各自治理网络的特点和背景。

坦帕湾河口计划（TBEP）是一个涵盖多方参与的治理网络，包括地方政府、国家机关、非政府组织、企业和科研机构。TBEP 的资源整合策略注重公私合作，强调利用科研机构和环境保护组织的专业能力来支持项目实施。例如，TBEP 通过与地方大学和研究机构合作，整合了关于水质和生物多样性的研究资源，用于指导实地项目和监测活动。

此外，TBEP 有效利用了联邦和州级的资金支持，以及来自环保组织的技术和资金资源。这种跨层级的资源动员和配置增强了项目的实施力度和范围，使得 TBEP 能够开展一系列复杂的水质改善和栖息地恢复项目。资源的高效利用体现在项目策划初期的详细可行性分析和严格的预算管理，确保了资金的高效投入和使用。

相比之下，象山港蓝色海湾整治项目主要由政府主导，资源整合主要依赖政府的行政命令和财政拨款。虽然这种模式加强了政府在资源配置中的决策权，确保了重大项目的快速推进，但也存在一定的局限性。政府主导的资源整合过程中，民间组织和私营部门的参与较少，可能导致资源的多样性和创新性不足。

在象山港，资源整合过程中较少涉及跨部门和跨领域的合作，这限制了项目在专业技术和创新方面的深度。例如，虽然进行了大规模的岸线和湿地修复，但项目在生态恢复技术和持续性管理上的创新较少，这影响了项目的长期效果和持续性。

通过比较坦帕湾和象山港的治理网络，可以看出，坦帕湾的共享型治理模式在资源整合与利用效率上具有较高的效果，主要体现在资源多样性的引入和高效的项目管理。而象山港的领导型治理网络虽然在资源动员方面表现出强大的能力，但在资源的多样性和创新性方面则显得不足。因此，跨部门和多元化的参与对于提升资源整合的效率和创新性至关重要。

2. 探讨资源分配和管理机制对治理效果的影响

在环境治理中，资源分配和管理机制对于实现治理目标至关重要。这些机制不仅影响项目的实施效率和效果，还关系到治理活动的持续性和参与各方的满意度。通过比较坦帕湾河口计划（TBEP）与象山港蓝色海湾整治项目的资源分配和管理机制，我们可以深入了解这些机制如何影响环境治理绩效。

（1）资源分配的透明度和公正性

资源分配的透明度和公正性是环境治理网络效能的关键因素，直接影响到项目的接受度和可持续性。在坦帕湾河口计划（TBEP）中，这一原则通过建立开放和包容的决策机制得到体现。TBEP 设立了多个咨询和技术委员会，涵盖了来自不同背景的环境专家、社区代表和政府官员。这种多元参与确保了决策过程的广泛代表性和合法性，使得资源分配过程不仅透明而且具有普遍性的公认度。

坦帕湾的治理结构特别强调跨部门和多利益相关者的协作，这种结构设计有助于促进不同视角和专业知识的融合，从而在资源分配时能够考虑到更为全面的环境和社会需求。例如，TBEP 的资源管理策略不仅依赖于政府的直接资金，还积极吸引联邦资金、州资金、私人投资以及非营利组织的资助，这种资金来源的多样化大大增强了项目的资金稳定性和灵活性。更重要的是，这种资金策略增强了项目的社会基础，因为当社区成员直接或间接参与资金筹措时，他们对项目的支持和参与度通常会更高。

与之形成鲜明对比的是，象山港蓝色海湾整治项目主要采取中央集权的治理模式，政府部门在资源分配和项目决策中起着决定性的作用。这种模式的优势在于能够快速集中资金和资源，迅速响应和实施治理措施。然而，这种高度中心化的决策过程也可能带来资源分配的不均衡，特别是在缺乏足够社区参与和公众监督的情况下，决策的透明度和公正性往往难以得到保证。此外，过于集中的权力可能导致决策过程中忽视地方特有的环境条件和社区需求，从而影响到项目的长期可持续性和效果。

这种差异在学术研究中常被讨论，多元参与和开放治理被认为是增强环境政策合法性的重要因素。研究表明，当资源分配机制能够反映广泛的社会利益时，治理项目不仅更容易获得必要的社会支持，还能在实施过程中产生更多创新解决方案，因为多样化的利益相关者能够带来不同的视角和解决策略。因此，透明和公正的资源分配机制是提高环境治理绩效的关键，特别是在需要广泛社会参与和支持的复杂环境问题中。

（2）资源利用的效率和创新性

在坦帕湾河口计划（TBEP）中，资源利用的效率和创新性是提高环境治理绩效的关键因素。TBEP 的资源管理策略非常注重科技创新和最佳实践的整合应用，以促进环境恢复的效率和质量。例如，在水质改善项目中，TBEP 不仅投资于先进的水处理技术，还推广了可持续的土地管理实践。这些措施是基于广泛的科学研究和技术验证，确保了资源的高效利用，同时也提升了项目的成果可持续性。

更进一步，坦帕湾的项目管理中还特别强调跨学科的合作，通过整合生态学、水文学、工程学等多领域专业知识，创新解决环境问题。这种跨学科合作不仅增强了治理措施的科学性和适应性，也为资源利用提供了更广泛的视角和多样化的解决方案，从而有效提升了环境治理的整体效率。

相比之下，象山港蓝色海湾整治项目的资源利用效率受到其治理结构的影响。由于这一项目主要依赖政府的集中决策和资源配置，虽然能够实现快速的资源动员和分配，但这种中心化的管理模式可能导致资源配置在实际操作中的效率和创新性不足。中心化治理可能忽视了基于地方特色和实际需求的创新解决方案，导致资源在某些情况下可能出现使用不当或效率低下的问题。此外，缺乏竞争和外部评价机制也可能减缓新技术和方法的采纳速度，影响项目的长期持续性和环境改善效果。

为了提升资源利用的效率和创新性，建议象山港整治项目借鉴坦帕湾的经验，引入更多元化的治理参与者和创新激励机制。例如，可以通过建立公私合作平台，引入企业和非政府组织参与环境治理，这不仅可以增加资金来源，还能带来新的技术和管理经验。同时，应增强决策的透明度和公众参与度，确保资源分配和项目实施更加公开和受监督，从而提高资源利用的效率和项目的社会认可度。

（3）管理机制对长期治理绩效的影响

坦帕湾河口计划（TBEP）的资源管理机制不仅致力于实现当前的项目目标，还关注于长远的环境保护和可持续发展目标。TBEP 通过建立定期评估和动态调整机制，确保资源分配能够灵活适应环境变化和新的治理挑战。这种灵活和迭代的管理方式允许治理网络在实践中不断优化，提高资源使用的效率和环境治理的长期绩效。通过这种方式，TBEP 不仅可以在短期内有效解决环境问题，还能确保在应对未来不确定性和复杂环境变化时的适应能力。

相较之下，象山港蓝色海湾整治项目的资源管理机制通常以快速动员资源和实现短期目标为导向，这种集中式的资源管理具备显著的优势。首先，政府主导的集中资源调配能够迅速响应环境治理的紧急需求，快速推进重点项目并实现立竿见影的效果。其次，由于政府在资源分配中的权威地位，可以确保项目在实施过程中的统一性和一致性，减少了决策过程中的摩擦和拖延。这种高效的决策和资源配置机制在面对紧迫的环境问题时表现出强大的执行力，能够在短期内取得显著的治理成效。

然而，这种短期导向的资源管理策略在环境变动和新挑战面前显得被动，缺乏灵活性和前瞻性，可能会导致项目在长期持续性和适应性方面的不足。尽管如此，象山港整治项目在实现快速资源动员和政策执行方面的高效性，确实为解决急迫的环境问题提供了有力保障，特别是在需要集中力量攻坚克难的情况下，表现出较高的效率。

在资源分配和管理机制的对比中，可以看到，资源分配的公正性、透明度，以及管理机制的灵活性和创新性，都是影响环境治理绩效的重要因素。在 TBEP 中，开放和多元化的资源分配机制通过广泛的参与和透明的决策流程，促进了社会支持和项目的持久性。这种机制允许更广泛的利益相关者参与，不仅提高了决策的民主性和公正性，还增强了项目实施的灵活性和有效性。

相比之下，象山港的集中和封闭的管理风格在资源利用效率和长期治理绩效上可能存在局限。这种模式可能导致资源分配不均衡，缺乏对地方特殊需求的响应，影响了项目的整体效果和社会认可度。然而，象山港资源管理机制的优点在于，它能够以更直接的方式实施和调动资源，特别是在需要快速决策和集中执行的情境中。此外，政府主导的决策机制有助于确保政策和资源配置的一致性，减少了多方博弈所带来的不确定性。

综上所述，资源管理机制的设计和实施直接影响环境治理的效率和效果。通过分析坦帕湾和象山港的资源分配和管理机制，可以得出结论：为了实现更好的环境治理绩效，必须在资源分配中强调公平性、透明度以及管理机制的灵活性和创新性。同时，也应认识到集中管理在特定情况下的有效性，尤其是其在执行效率和资源动员能力上的优势。这不仅有助于提高项目的实施效果和社会接受度，也为长期环境可持续发展提供了坚实的基础。通过这些见解，各地的环境治理可以获得更有效的策略指导和结构优化的方向。

第三节 治理网络对环境治理绩效的关键影响因素

在现代环境治理中，治理网络的结构特征和运行机制是影响治理绩效的关键因素。随着环境问题的日益复杂和多样化，单一的治理主体和传统的治理方式往往难以应对，因此，治理网络的适应性、信息流动性、透明度、社会资本和信任度等要素成为提升治理绩效的重要影响因素。通过对坦帕湾和象山港的治理网络进行比较分析，我们可以更深入地理解这些因素在不同治理模式中的表现和作用，从而为改进和优化环境治理策略提供借鉴。

首先，治理网络的适应性和灵活性在环境治理中至关重要。面对不断变化的环境条件和突发事件，治理网络的结构是否具有足够的弹性和适应能力，直接关系到其在环境危机中的响应速度和有效性。适应性强的网络结构能够迅速调整治理策略，优化资源配置，从而提高治理效率。而灵活的治理网络则能够在政策执行过程中，根据实际情况不断改进和创新，为实现长期的环境保护目标提供支持。在坦帕湾和象山港的比较中，可以观察到这两者在适应性和灵活性上的差异，以及这些差异对环境治理绩效的不同影响。

其次，信息流动和透明度是治理网络高效运作的基础。有效的信息流动不仅有助于各行动者之间的协调与合作，还能够提高决策过程的科学性和合理性。透明的治理过程能够增强公众的信任和参与度，从而提高治理的社会效应。在坦帕湾，开放的信息交流和透明的政策执行，使得各利益相关者能够充分参与治理过程，促进了多方合作。而在象山港，信息流动的渠道较为单一，透明度相对不足，这可能对治理效率和效果产生一定的限制。因此，信息流动和透明度在两个治理网络中的表现，反映了其对决策质量和执行效果的深远影响。

最后，社会资本和信任度在治理网络中的作用同样不容忽视。社会资本不仅包括各行动者之间的合作关系和信任程度，还涵盖了治理网络与外部利益相关者之间的互动与支持。高水平的社会资本和信任度可以促进治理网络的协调与合作，增强资源整合和共享的能力。坦帕湾的治理网络凭借其高水平的社会资本，实现了政府、企业、社区之间的密切合作，为环境治理注入了强大的动力。而在象山港，尽管政府主导的治理模式具有较高的执行效率，但由于社会资本和信任度的欠缺，可能在一定程度上限制了非政府组织和公众的广泛参与，影响了治理的持续性和效果。

综上所述，治理网络在应对复杂环境问题时，必须具备足够的适应性和灵活性，以应对不确定性和快速变化的挑战。同时，信息流动和透明度是保障决策质量和执行效果的重要条件，而社会资本和信任度则是促进合作与提升治理绩效的关键因素。在接下来的分析中，我们将深入探讨这些因素在坦帕湾和象山港治理网络中的具体表现，揭示其对环境治理绩效的实质性影响。通过这些分析，不仅可以为两个区域的环境治理提供改进建议，还能为全球范围内的环境治理策略和实践提供宝贵的借鉴。

一、治理网络的适应性与灵活性

治理网络的适应性和灵活性是决定其能否有效应对复杂环境问题的关键要素。在快速变化的环境背景下，治理网络的结构必须具备足够的弹性，以适应各种不确定性和突发事件。适应性强的治理网络能够及时调整策略和资源分配，确保治理措施与环境变化保持一致，从而提高环境治理的效率和效果。灵活的治理网络结构还可以促进创新，鼓励多方合作，充分利用各方的专业知识和资源，实现更为高效和可持续的环境治理。

在分析坦帕湾河口计划与象山港蓝色海湾治理项目时，我们注意到，这两个治理网络在适应性和灵活性上存在显著差异。这些差异对其环境治理绩效产生了深远影响。坦帕湾的治理网络以其较高的适应性和灵活性著称，能够在政策执行过程中根据实际情况进行调整和优化。相比之下，象山港的治理网络由于其集中化的管理模式，虽然在执行效率上具备优势，但在适应性和灵活性方面略显不足，可能限制了应对环境变化和创新治理策略的能力。

通过对这两种不同治理网络结构的比较分析，可以深入理解适应性和灵活性在环境治理中的作用，以及如何优化治理网络以提高其整体效能。接下来，我们将详细探讨网络结构的适应性和灵活性如何影响环境治理绩效，并分析治理网络在应对环境变化和突发事件中的表现。这将为优化环境治理策略提供重要的理论支持和实践指导。

1. 探讨网络结构的适应性和灵活性对环境治理绩效的影响

治理网络的适应性和灵活性在环境治理中扮演着至关重要的角色。这些特性不仅决定了网络在应对环境变化时的反应速度和调整能力，还影响了网络的创新能力和持续性。通过比较坦帕湾河口计划和象山港蓝色海湾治理项目，我们可以看到，不同的网络结构对环境治理绩效有着不同的影响。

坦帕湾河口计划的治理网络以其高度的适应性和灵活性著称。其治理结构由多元化的参与者组成，包括政府部门、私营企业、非政府组织和社区代表。这种多样性不仅增强了网络的灵活性，也使其能够快速适应环境变化。由于参与者具有多样化的背景和专业知识，坦帕湾治理网络能够在政策制定和执行过程中快速响应新的环境信息和科学发现，从而优化治理措施。此外，坦帕湾的治理网络还设立了灵活的决策机制，允许利益相关者在治理过程中进行定期评估和反馈。这种机制促进了开放的对话和信息共享，使网络能够在面临挑战时及时进行调整和改进。

与之相比，象山港蓝色海湾治理项目的治理网络虽然在执行效率上具备一定优势，但其适应性和灵活性相对较弱。象山港的治理网络以政府主导为主，集中化的管理模式在资源分配和决策执行上表现出较高的效率。然而，这种结构可能在快速变化的环境背景下限制了治理网络的适应能力。由于决策过程高度依赖政府部门，信息流动和反馈机制较为有限，可能导致治理措施在实际实施过程中缺乏及时调整的能力。尽管如此，象山港治理网络也具备其独特的优势。集中化的管理模式使得资源可以快速投入关键项目，特别是在需要紧急干预和快速反应的情境中。这种优势在某种程度上弥补了其适应性不足的劣势，使得象山港能够在短期内实现显著的治理效果。

此外，象山港蓝色海湾治理项目在资源管理机制上具有独特的优势。尽管其治理网络在灵活性上略显不足，但在资源整合和动员方面表现出色。象山港的治理网络能够有效整合政府部门、地方企业和科研机构的资源，确保在关键领域的资金和技术支持。通过集中管理，象山港能够实现资源的高效分配，避免了资源浪费和冗余。这种机制在一定程度上提高了治理项目的执行效率和效果。

在探讨适应性和灵活性对环境治理绩效的影响时，需要认识到，治理网络的适应性不仅仅取决于参与者的多样性和决策的灵活性，还与治理结构的开放性和包容性密切相关。开放的治理网络能够接纳来自各方的建议和批评，从而不断优化其治理策略。包容性的结构使得治理网络能够吸引更多的利益相关者参与，共同推动环境治理目标的实现。

总结来说，网络结构的适应性和灵活性在提升环境治理绩效方面具有重要作用。坦帕湾和象山港的比较表明，尽管两地的治理网络在结构上存在差异，但各自的优势都在不同程度上促进了治理目标的实现。坦帕湾的多元化和灵活性使其能够快速响应环境变化，而象山港的集中化和高效资源管理则确保了关键项目的有效执行。通过深入研究这两种治理模式，我们可以更好地理解如何在不同的环境背景下优化治理网络，以实现更高效和可持续的环境治理。

2. 分析应对环境变化和突发事件的能力

在全球气候变化和人类活动加剧的背景下，海洋环境治理网络应对环境变化和突发事件的能力日益重要。应对能力不仅反映了治理网络在面对预期之外事件时的反应速度和适应能力，还体现了其在资源动员和协调方面的效率和效果。通过比较坦帕湾河口计划和象山港蓝色海湾治理项目，我们可以探讨不同治理网络在应对环境变化和突发事件中的表现及其背后的机制。

坦帕湾河口计划因其灵活和反应迅速的应对机制而闻名。该计划在其治理网络中采用了分布式决策和多方参与的模式，赋予各个参与者在突发事件中快速响应的能力。例如，坦帕湾治理网络中的各个利益相关者，如地方政府、企业和非政府组织，均可以根据自身的资源和能力迅速做出反应并提供支持。这种分散化的决策模式使得在突发环境事件中，各方能够协同合作，迅速动员资源进行应对。例如，在面对突如其来的污染事件时，地方政府可以迅速组织应急小组，而非政府组织则可以利用其在社区中的影响力，动员公众参与污染治理和生态恢复。

此外，坦帕湾的治理网络非常重视风险预警系统的建立和完善。通过与科研机构的合作，坦帕湾能够及时获取环境变化的最新数据，并在必要时调整治理策略。这种预警系统不仅提高了坦帕湾应对突发事件的前瞻性，也提升了整个治理网络的反应速度和效率。

与坦帕湾的多方参与模式不同，象山港蓝色海湾治理项目采用了较为集中的管理模式。尽管这种模式在应对环境变化的灵活性上可能有所欠缺，但在资源管理和动员方面具有独特的优势。象山港的治理网络由政府主导，能够在紧急情况下迅速集中和调配资源，这在突发事件应对中显得尤为关键。例如，在面临海洋灾害时，象山港的政府部门可以快速调集资金和人力，集中进行灾害评估和救援行动。这种集中化的资源管理模式确保了在关键时刻资源能够迅速到位，从而提高了应对效率。

象山港蓝色海湾整治项目在资源管理上的另一个优势在于其对资源利用的高效性。由于治理网络的资源分配和管理相对集中，象山港能够最大限度地利用现有资源，避免了不必要的浪费和冗余。这种高效的资源利用方式使得象山港在应对环境变化时，能够在短时间内做出有效反应，迅速展开治理行动。

通过比较坦帕湾和象山港在应对环境变化和突发事件中的表现，我们可以发现，尽管两者在治理模式和资源管理上存在明显差异，但各自的优势在不同情境下都表现出了显著的应对效果。坦帕湾的分布式决策模式和多方参与机制使得其在应对突发事件时具有高度的灵活性和快速反应能力。而象山港的集中管理模式则在资源动员和管理效率上占据优势，能够在危机时刻迅速展开行动。这种比较为我们提供了重要的启示：在设计和优化环境治理网络时，需要综合考虑网络的灵活性和资源管理效率。在面对不断变化的环境和突发事件时，灵活的决策机制和高效的资源管理都是确保治理效果的关键因素。通过借鉴坦帕湾和象山港的成功经验，其他地区的治理网络可以在应对能力上进行优化，以更好地满足未来环境治理的需求。同时，象山港和坦帕湾的案例也强调了建立强大预警和监测系统的重要性。通过与科研机构的紧密合作，治理网络能够获取及时和准确的环境数据，从而在环境变化发生之前采取预防性措施。加强预警系统建设不仅有助于提高治理网络的应对能力，还能提升整个地区的环境适应力，为实现可持续发展奠定坚实基础。

综上所述，适应性和灵活性在环境治理网络应对环境变化和突发事件中发挥着不可或缺的作用。无论是分布式的多方参与模式还是集中化的资源管理方式，都各有其独特的优势和适用情境。通过深入分析和比较这两种治理模式，我们可以为优化和提升未来的环境治理网络提供有价值的参考和指导。

二、信息流动与透明度

在环境治理中，信息流动和透明度是实现有效治理的关键因素。信息的流动性和透明性直接影响治理网络中各参与者之间的协作效率、决策的科学性，以及政策执行的效果。在治理网络中，信息流动不仅涉及各行动者之间的交流和反馈，还包括信息的公开和共享程度。信息透明度则决定了治理网络的开放性和信任度，对于增强公众参与和监督、提高治理质量具有重要意义。坦帕湾河口计划和象山港蓝色海湾治理项目在信息流动和透明度方面表现出不同的特征，这些特征对其治理绩效产生了深远影响。

在坦帕湾河口计划中，信息流动机制强调开放性和多方参与，信息的获取和共享较为便捷。该治理网络建立了完善的信息交流平台，各利益相关者，包括政府机构、企业、非政府组织和公众，均可以通过多种渠道获取治理信息，并参与到决策过程中。这种高透明度的信息管理机制有助于增强治理的公开性和决策的科学性，提高了治理的整体效率和公信力。

相比之下，象山港的治理网络在信息流动和透明度方面表现出较为集中的特征。尽管政府部门在信息发布和公开方面进行了诸多努力，但由于信息流动渠道相对有限，非政府行动者和公众获取信息的途径较为单一。这种相对封闭的信息管理模式可能影响治理过程中的信息共享和协作效率，进而对政策实施效果产生一定影响。

本节将深入分析坦帕湾和象山港治理网络中信息流动和透明度

的表现,探讨信息共享和透明度在决策质量和执行效果中的关键作用。通过比较两地治理网络的信息管理实践,我们可以揭示信息流动和透明度对提升环境治理绩效的重要机制,为优化治理网络提供有益的参考和借鉴。

1. 分析信息流动和透明度在两个治理网络中的表现

信息流动和透明度在环境治理网络中发挥着至关重要的作用,影响着治理的效率和有效性。坦帕湾河口计划和象山港蓝色海湾治理项目在信息流动和透明度方面展现出不同的表现,这些表现直接影响了各自的治理效果。

坦帕湾河口计划致力于实现信息的开放流动和透明管理,建立了多层次、多渠道的信息交流平台,以促进各利益相关者之间的有效沟通。在该治理网络中,信息不仅在政府部门内部流通,还能够顺畅地传递到企业、非政府组织以及公众。这种开放的信息交流机制促进了利益相关者之间的合作,增强了治理网络的包容性和透明度。坦帕湾河口计划的信息流动主要依托于以下几方面的机制:①多方参与平台:通过设立如市民咨询委员会、技术咨询组等多方参与机制,确保各利益相关者在治理过程中有平等的话语权和参与机会。这些平台为政府、企业、学术机构和社区代表提供了共享信息、交换意见的机会,有助于建立信任和增强合作。②公开的数据和报告:坦帕湾河口计划通过官方网站和公开会议向公众提供详细的环境数据和治理报告。这种信息公开策略不仅提升了治理的透明度,还让公众和利益相关者能够监督项目的进展,提出反馈和建议。③技术支持和工具使用:利用先进的信息技术手段,如 GIS 系统和在线数据平台,提高信息的传递效率和准确性。这些工具帮助各方更好地了解治理项目的进展和成效,支持科学决策和有效实施。通过这些机制,坦帕湾河口计划实现了高水平的信息透明度和流动性,增强了公众的信任和支持,提高了治理的效率和效果。

象山港蓝色海湾治理项目在信息流动和透明度方面展现出较为集中和政府主导的特征。尽管政府在信息公开方面进行了努力，设置了多个信息发布和交流渠道，但整体的信息流动性和透明度与坦帕湾相比仍存在一定差距。象山港的信息流动机制包括：①政府主导的信息发布：象山港治理信息主要由政府部门通过公告、简报等形式发布。虽然这种集中式信息发布模式确保了信息的权威性和一致性，但在信息传递的广度和互动性上相对不足。②有限的公众参与渠道：虽然在一些阶段，象山港项目也设有公众咨询和参与活动，但整体来看，公众和非政府组织在信息获取和参与决策方面的机会相对有限。这种局限性可能导致信息反馈不够全面，影响治理政策的包容性和适应性。③技术平台的应用不足：在信息技术和平台的使用上，象山港项目较为传统，缺乏如坦帕湾河口计划那样的高效信息技术工具支持。这在一定程度上限制了信息的流动速度和精确性。

信息流动和透明度对环境治理网络的成功至关重要。在坦帕湾，开放的信息流动和高透明度促进了多方合作，提高了治理的灵活性和适应性，确保了各方利益的平衡。在这种环境下，信息流动不仅支持了更好的决策，也增强了公众对治理措施的信任和支持，最终促进了环境治理目标的实现。相比之下，象山港的治理网络虽然在资源动员和政策执行方面具有明显的政府优势，但信息流动和透明度的相对不足可能影响公众的参与和对治理过程的支持。这种不足可能导致治理决策在适应性和反馈机制方面的弱化。然而，象山港的资源管理机制在一定程度上弥补了信息流动的不足。通过集中资源的快速动员和投入，政府能够在短时间内推动关键治理项目的实施和推进，确保治理目标的达成。在这种机制下，尽管信息透明度不及坦帕湾，但通过政府的有力调控和资源管理，象山港项目仍然能够在较短时间内实现环境改善目标。

综上所述，信息流动和透明度是治理网络中至关重要的因素，对提升治理效率和效果具有显著影响。通过坦帕湾和象山港的比较，我们可以看到，开放和透明的信息机制有助于增强治理的适应性和公众信任，而集中和政府主导的模式则在资源快速动员和政策执行上具有独特优势。这些发现为未来环境治理网络的设计和优化提供了重要的参考和借鉴。

2. 探讨信息共享和透明度对决策质量和执行效果的影响

信息共享和透明度是环境治理网络中至关重要的要素，它们直接影响着治理决策的质量和执行效果。在全球环境治理实践中，如坦帕湾河口计划和象山港蓝色海湾整治项目中，信息的透明度和共享程度对项目的成功与否起到了决定性的作用。

（1）信息共享的作用

信息共享在治理网络中扮演着关键角色，它不仅促进了各参与者之间的合作，还提升了政策的有效性和响应速度。坦帕湾河口计划中的信息共享机制通过多个层级和多方合作，确保各利益相关者在决策过程中的知情权和参与权。具体而言，TBEP 利用开放的数据平台、定期的公众会议以及多样化的交流渠道，确保信息在政府、企业、学术机构和公众之间流动。这种全面的信息共享不仅有助于形成共识，增强治理网络的凝聚力，还提升了政策制定的科学性和可行性。相比之下，象山港蓝色海湾整治项目在信息共享方面相对集中。尽管政府通过公告和简报形式发布信息，但参与者获取和使用信息的机会较为有限。这种信息集中可能导致决策过程中缺乏多元化的意见，影响政策的全面性和适应性。然而，这种集中也有其优势，即能够快速决策和执行，特别是在需要迅速动员和部署资源的紧急情况下。

（2）透明度对决策质量的影响

透明度在治理网络中至关重要，它可以增强决策的合法性和公众信任，减少信息不对称和利益冲突。在坦帕湾河口计划中，透明的决策过程确保了各利益相关者的积极参与和支持。TBEP 的透明度通过公开的决策程序、定期的评估报告以及公众的监督机制得以实现。这种透明度不仅提升了政策执行的效果，还减少了决策过程中的争议和阻力。在象山港，尽管透明度不及坦帕湾，但其集中化的管理模式能够快速推动决策实施。政府在资源分配和政策执行方面的主导作用，确保了决策过程的高效性。然而，过于集中的透明度可能导致外部参与者对决策过程的不信任，这在长远可能削弱公众对项目的支持和参与。

（3）信息共享与透明度对执行效果的影响

执行效果是衡量治理网络成功与否的关键指标，而信息共享和透明度在其中起到了决定性作用。在坦帕湾，信息共享的广泛性和透明度的高水平，使得各方能够高效协作，共同推动治理目标的实现。TBEP 通过共享资源、经验和技术，推动了多方合作，提升了项目的执行效果和可持续性。

象山港的治理项目则展示了集中管理的优势。尽管信息透明度有限，但政府的集中决策和资源管理机制确保了项目的快速实施和资源的有效分配。特别是在面对突发环境事件时，政府能够迅速调配资源，采取有效措施来应对和解决问题。这种集中管理在短期内能够取得显著成效，特别是在需要迅速应对和处理的情境下。

信息共享和透明度对治理网络的决策质量和执行效果有着深远影响。在坦帕湾，开放的信息共享和高透明度增强了治理的有效性和公众支持，提升了项目的长远绩效。在象山港，尽管透明度较低，但集中管理和资源调配的效率在短期内显示出优势。然而，长远来看，提升信息共享和透明度将有助于增强项目的适应性和可持续性，为治理网络的成功奠定基础。这些经验为其他地区的环境治理提供了重要的参考和指导。

三、社会资本与信任度

环境治理网络中，社会资本和信任度是推动合作与协调的核心要素。社会资本不仅包括信任、规范和网络，还涵盖了参与者之间的关系和互动，这些因素共同影响着治理网络的功能和效率。信任度则是社会资本的重要组成部分，直接关系到各行动者之间的合作水平和治理绩效。高水平的社会资本和信任度能够促进信息流动，增强网络的凝聚力和应变能力，提升决策质量和执行效率。

在坦帕湾河口计划中，丰富的社会资本和较高的信任度为项目的成功提供了有力支撑。通过长期的合作和互动，参与者之间形成了强大的信任网络，这种信任促进了多方协作和资源共享，提高了治理网络的适应性和响应能力。在象山港蓝色海湾整治项目中，政府的集中管理虽然在资源调配方面显示出一定的效率，但在社会资本和信任度的建设上相对薄弱，影响了多方参与和合作的广度与深度。

本节将深入探讨社会资本和信任度在治理网络中的重要作用，分析它们如何影响合作水平和治理绩效。通过对坦帕湾和象山港的案例研究，我们将揭示社会资本与信任度如何塑造治理网络的运作机制，并提供增强治理网络效能的策略建议。这种分析不仅有助于理解治理网络的复杂性，还为其他地区在设计和实施环境治理策略时提供了有益的借鉴。

1. 探讨社会资本和信任度在两个区域治理网络中的作用

社会资本和信任度在环境治理网络中发挥着至关重要的作用，直接影响治理的效果和效率。社会资本由信任、规范和网络关系构成，是促进各利益相关者合作的基础，而信任度是社会资本中最为核心的要素，影响着治理网络中信息交流、资源共享和政策实施的成效。在比较坦帕湾河口计划与象山港蓝色海湾整治项目时，可以发现两者在社会资本和信任度的运用上存在显著差异。

坦帕湾河口计划的成功在很大程度上归功于其高水平的社会资本和信任度。该计划的实施涉及多个政府部门、非政府组织、科研机构和社区团体，这些参与者通过长期的合作与互动，逐步建立起稳定且互信的网络关系。各参与者在项目中扮演不同角色，相互支持、共享资源，使得政策实施过程更加顺畅。这种合作模式不仅增强了各方的信任，也提升了项目的透明度和合法性。①社会资本的构建：坦帕湾治理网络通过定期的会议、工作坊和研讨会等形式，促进不同组织和个人之间的交流与互动。这种多层次、多渠道的沟通机制为社会资本的积累提供了坚实基础。各方在共同目标的驱动下，通过协作解决环境问题，逐渐形成互信和认同感，这为跨部门、跨领域的合作奠定了基础。②信任度的提升：信任度在坦帕湾治理网络中体现在参与者对彼此能力和动机的认可。各方通过透明的沟通和公平的资源分配机制，增强了对彼此的信任。比如，坦帕湾地区规划委员会作为政策制定的重要机构，其透明的决策流程和开放的参与机制使得各参与者能够积极地贡献意见，并对最终决策充满信任。

相比之下，象山港蓝色海湾整治项目在社会资本和信任度的建设上面临更多挑战。由于政府在治理网络中占据主导地位，非政府组织和社区的参与相对较少，导致网络中社会资本积累不足，信任度相对薄弱。然而，该项目的资源管理机制在某些方面显示出一定优势，为增强社会资本提供了潜在的机会。①资源管理机制的优势：象山港项目的资源管理机制以政府为主导，强调高效的资源调配和快速的项目实施。这种机制虽然在决策的多样性和灵活性上有所欠缺，但在资源的集中和高效利用上具有明显优势。通过政府强有力的领导和资源的快速调配，象山港项目能够在短时间内完成大量基础设施建设和环境修复任务，这为建立初步的信任和社会资本提供了条件。②社会资本的培育：在政府主导下，象山港项目尝试通过加强与社区和地方企业的合作，逐步增强社会资本。例如，项目中引入了志愿者参与和企业赞助的模式，以扩大公众参与面和提高项目的社会认可度。通过这些方式，象山港治理网络逐渐开始积累社会资本，并尝试在决策过程中引入更多的多方参与机制。③信任度的提升：信任度在象山港项目中的提升主要依赖于政府的透明度和对公众反馈的重视。尽管当前参与渠道有限，项目管理方通过发布定期的进展报告和举办公众咨询会，努力提高治理过程的透明度和公众参与度。随着治理网络的逐渐开放和更多利益相关者的加入，象山港项目的信任度有望进一步提升。

在坦帕湾，社会资本和信任度的高水平使得治理网络具有强大的整合力和应变能力，各参与者能够在统一目标的指引下高效协作。这不仅提升了环境治理的效果，也增强了政策执行的可持续性。相比之下，象山港项目由于社会资本的积累不足和信任度的相对低下，导致治理网络在应对复杂环境问题时存在一定局限。①整合力与协调性：坦帕湾的治理网络通过高水平的社会资本和信任度，实现了各利益相关者的有效整合和高效协调，使得环境治理政策能够快速落实并产生实效。相比之下，象山港由于社会资本的缺乏，在协调不同部门和利益相关者方面面临更多困难，可能影响政策的执行效率。②应变能力与创新性：高水平的信任度为坦帕湾的创新和应变能力提供了重要支持。各方在信任的基础上，敢于尝试新的治理方式和技术手段，从而提升了治理项目的创新性和适应性。象山港项目在这方面的不足也限制了其在面临环境变化时的应变能力。

总之，社会资本和信任度是塑造治理网络功能和绩效的重要因素。在坦帕湾，通过广泛的合作和互动，积累了丰富的社会资本和信任度，为环境治理提供了强有力的支持。而象山港尽管面临挑战，但通过加强资源管理机制和提高透明度，有潜力在未来逐步提升其社会资本和信任度。这种比较分析为其他地区在设计和实施环境治理策略时提供了重要的经验和借鉴。

2. 分析信任度对合作水平和两个区域治理绩效的影响

信任度在环境治理网络中扮演着至关重要的角色，对合作水平和治理绩效具有直接影响。它决定了不同参与者之间的合作意愿和效率，从而影响治理项目的执行和效果。在坦帕湾河口计划与象山港蓝色海湾整治项目的比较中，信任度的作用体现得尤为明显。坦帕湾河口计划的成功在很大程度上得益于参与者之间的高度信任。这种信任是通过长期的合作和透明的沟通机制建立起来的。坦帕湾治理网络中的各个行动者，包括政府机构、非政府组织、科研机构和社区团体，都在共同的环境目标下紧密合作，形成了高效的协作网络。高水平的信任度使得各利益相关者能够放下顾虑，共同参与到治理过程中。这种合作体现在项目策划、实施和评估的各个阶段，各方通过定期会议和工作坊分享信息和意见，确保了治理措施的科学性和有效性。信任度的提升有助于网络内部的整合，各行动者在高信任环境下更愿意分享资源和信息，这使得网络的整合性和协调性大大增强。坦帕湾的治理网络因此能够快速应对环境挑战，并在实践中不断优化治理策略。信任度在促进快速决策和执行方面起到了重要作用。在坦帕湾，治理网络中没有严重的权力斗争和利益冲突，各方对彼此的动机和能力具有充分信任，使得决策过程更加高效，治理措施能够及时落实。

相比之下，象山港蓝色海湾整治项目在信任度建设方面面临更多挑战。由于政府在治理网络中占据主导地位，非政府组织和社区的参与度较低，这在一定程度上影响了信任度的建立。然而，项目的资源管理机制为提高信任度提供了一些优势。象山港项目通过集中化的资源管理机制，能够快速调配资源和执行治理任务。这种机制虽然在决策的多样性和灵活性上有所不足，但在快速实施治理项目方面展现了高效率。政府通过透明的资源分配和实施进度的公开，提高了项目的透明度和公众信任。尽管起步相对较晚，象山港项目正在通过引入社区参与和加强公众沟通来逐步提升信任度。政府尝试通过定期的进展报告和公众咨询会，增强治理过程的透明度和公众参与度，进而提升整体网络的信任度。信任度不足可能导致象山港项目在某些阶段面临实施效率的挑战。然而，随着信任度的逐步提升，治理网络的整合性和协调性也在改善。这为项目的长期成功奠定了基础。

在信任度对治理网络的影响方面，坦帕湾河口计划展示了较好的模型，即通过高信任度实现高效合作和资源整合。在坦帕湾，信任度不仅提升了治理网络的运行效率，也增强了项目的社会支持和可持续性。相比之下，象山港项目的信任度建设虽然起步较晚，但通过政府主导的透明资源管理机制和逐步增加的公众参与，信任度正稳步提升。在坦帕湾，合作水平高主要体现在各方的积极参与和资源的开放共享，这与高信任度直接相关。象山港在合作水平上略显不足，主要是因为信任度起初较低，导致各利益相关者的参与积极性不高。然而，随着信任度的提升，象山港的合作水平有望进一步提高。信任度对治理绩效的影响在两个案例中均得到验证。坦帕湾的高信任度促成了高效的治理过程，治理目标能够迅速实现并具备长期可持续性。而象山港项目在信任度建设方面的努力为改善治理绩效提供了可能性，未来的成功将取决于信任度的持续提升和网络整合的加强。

为了进一步提高象山港治理项目的信任度，建议继续加强透明度和公众参与，增强非政府组织和社区在治理网络中的角色。坦帕湾则可以继续巩固其信任基础，同时探索新技术和创新模式，以进一步提升治理绩效。总结而言，信任度是环境治理网络中不可或缺的元素，对合作水平和治理绩效有着深远影响。坦帕湾的经验表明，高信任度能够带来高效和持久的治理效果，而象山港的实践显示，通过有效的资源管理机制和公众参与，信任度的提升也可以实现。这为全球其他地区的环境治理提供了宝贵的参考和借鉴。

第五章　制度重构与政策建议

本章旨在探讨通过制度重构和政策建议来优化海洋环境治理网络，以提高其治理绩效。近年来，全球海洋环境面临着日益严峻的挑战，如污染、生态退化和气候变化，这使得有效的治理网络成为必需。通过结合坦帕湾和象山港的案例研究，我们可以识别现有治理网络中的不足之处，如多方参与度不足、透明度不高、适应性差等问题。这些问题限制了治理网络在应对复杂海洋环境挑战时的效率和效果。本章通过分析这两个案例，提出了针对性的优化策略。第一节将详细探讨如何通过加强多方参与与合作、提升透明度与信任度以及增强适应性与创新能力来优化治理网络，确保各方在治理过程中能够充分发挥作用。第二节将提出具体的政策建议，涵盖长期综合规划的制定、制度创新的推动以及法律和政策框架的强化，旨在为环境治理提供坚实的基础和有力的支持。最后一节将讨论国际合作与借鉴，探索如何通过学习国际成功经验、构建全球治理网络以及加强知识共享与技术转移来增强全球海洋环境治理的效能。通过这些策略和建议，本章希望为实现更高效、更可持续的海洋环境治理提供理论和实践的指导。

第一节　治理网络优化策略

为了有效提升海洋环境治理的效率和效果，对现有治理网络的优化是关键。本节将探讨如何通过加强多方参与与合作、提升透明度与信任度以及增强适应性与创新能力来实现这一目标。首先，加强多方参与与合作有助于在治理过程中引入多样化的观点和资源，通过鼓励政府、非政府组织、私人部门和社区共同参与，确保各方利益得到充分考虑，进而提高决策的合理性和执行的有效性。其次，提升透明度与信任度是确保治理过程公平公正的基础，通过建立透明的决策机制和资源分配体系，增强各方的信任感，减少治理过程中可能出现的矛盾与冲突。最后，增强适应性与创新能力能够提高治理网络在应对快速变化的环境和突发事件时的灵活性，促进技术创新和最佳实践的应用，从而提高资源利用效率和整体治理效果。这些措施不仅有助于优化治理网络的结构和功能，还能为实现更可持续的海洋环境管理提供强有力的支持。

一、加强多方参与与合作

在当前中国的海洋环境治理体系中，政府往往处于主导地位，负责制定政策、分配资源和执行计划。这种政府主导的治理模式虽然在快速决策和资源集中调度方面具有优势，但在应对复杂多变的环境问题时，往往显得缺乏灵活性和创新性。这种情况下，单一主体主导的模式可能无法全面满足环境治理的多样化需求。因此，增强治理网络的灵活性和有效性，必须通过加强多方参与与合作来实现。

多方参与指的是政府、非政府组织（NGO）、社区、私人部门以及学术机构等多种主体共同参与治理过程。这种参与模式能够引入多样化的视角、专业知识和资源，形成更为全面的治理方案。非政府组织在许多情况下，具备丰富的专业知识和实践经验，能够在政策制定和执行过程中提供宝贵的见解和建议。他们常常在环境监测、数据收集以及公众教育等方面发挥重要作用。此外，非政府组织可以成为政府与公众之间的桥梁，促进信息的双向流动，提高公众的环境意识和参与积极性。社区的参与则是确保治理措施真正符合地方实际需求的重要途径。社区居民最了解当地的环境状况和问题，他们的参与可以保证治理计划的实施更加贴近实际，提升措施的接受度和执行力。社区参与还能够增强环境治理的社会支持基础，通过推动基层组织的动员和参与，提高治理行动的有效性和可持续性。私人部门在环境治理中扮演着日益重要的角色。随着全球环境问题的加剧，企业逐渐意识到可持续发展的重要性，积极参与环境治理。私人部门不仅可以通过提供资金和技术支持，帮助推进治理项目的实施，还可以通过技术创新提高资源利用效率，开发和应用更环保的生产工艺和产品。通过企业的参与，不仅可以提高治理项目的可行性和效率，还能够为企业自身带来长远的发展利益。

为了实现多方参与，政府需要采取一系列措施，营造一个开放的合作环境。首先，政府应积极邀请非政府组织、社区和私人部门参与治理计划的制定和实施，通过召开研讨会、座谈会和公开征求意见等方式，听取各方的意见和建议。其次，政府需要建立和完善相关法律和政策框架，明确各方在治理过程中的权利和义务，保障各方参与的合法性和有效性。例如，可以制定相关法规，规定非政府组织和社区在环境决策中的咨询权和参与权，确保他们在治理过程中能够平等地参与和发声。除了法律和政策的保障外，还应设立跨部门、跨领域的协作机制，促进信息共享和资源整合，增强治理网络的协同性。例如，可以设立环境治理委员会，由政府、非政府组织、社区代表和企业组成，作为多方参与的合作平台。这一平台能够在各方之间建立起高效的沟通渠道，共同制定和实施治理计划，协调各方利益，确保治理行动的一致性和高效性。

通过这些措施，可以有效地增加多方参与在治理网络中的比重，提升治理网络的多样性和灵活性。在多方参与的基础上，政策的制定和执行将更加科学、合理，能够更好地满足不同利益群体的需求，提升治理绩效。通过集思广益和合力攻坚，治理网络将更具适应性和创新力，从而更有效地应对日益复杂的环境问题。

二、提升透明度与信任度

透明度和信任度是治理网络有效运作的重要基础。透明的决策过程和资源分配机制不仅可以增强各方对治理措施的信任，减少利益冲突，提高合作效率，还能确保政策的合法性和合理性。在现有的许多治理网络中，决策过程和资源分配往往缺乏足够的透明度，这种不透明性常常导致不必要的争议和矛盾，削弱了治理网络的执行力和公信力。因此，提高治理网络的透明度和信任度至关重要。

建立透明的决策过程和资源分配机制是提升透明度的关键步骤。在决策过程中，确保信息的公开和透明至关重要。政府和相关机构应广泛征求各方意见，特别是那些受治理措施直接影响的群体的意见。这不仅可以增加决策的合理性，还能提高受影响群体对决策的接受度和支持度。信息公开的过程可以通过多种方式实现，包括政府公告、新闻发布、会议纪要公开等。此外，应当引入第三方监督机制，对决策过程进行独立评估和监督，确保决策的公正性和透明性。

资源分配是另一个需要高度透明化的环节。在资源分配过程中，应严格遵循公平、公正和公开的原则，避免利益偏袒和资源浪费。这可以通过建立透明的资源分配标准和程序来实现。比如，设立公开的资源分配指标体系，明确各项资源分配的依据和程序，并对资源分配过程进行全程监督和记录。通过这种方式，不仅可以提高资源分配的效率，还能增强资源分配的公信力，确保每一份资源都能发挥其最大的治理效益。

推动信息公开和公众参与是提升透明度的重要措施。政府和相关机构应定期发布治理项目的进展情况、资源使用情况和环境改善效果。这种信息公开不仅是对公众的责任，也是对自身工作的监督。通过接受公众的监督，能够及时发现问题和不足，推动治理措施的不断完善。此外，通过听证会、公众咨询、网络平台等多种形式，鼓励公众参与治理过程，不仅可以提高治理的透明度，还能增强公众对治理网络的信任度。

在实践中，提升透明度和信任度需要政府和各利益相关者的共同努力。政府作为治理网络的核心，应发挥主导作用，推动透明度的提升。在政策制定和实施过程中，应主动公开信息，接受各方的监督和建议。同时，非政府组织、社区和企业等利益相关者也应积极参与信息公开和监督活动，通过合作和互动，推动治理网络的透明度建设。

提升透明度和信任度不仅可以提高治理措施的执行效果，还能增强治理网络的稳定性和持续性。这一过程不仅需要制度和技术上的支持，还需要文化和价值观的转变。通过不断提高透明度和信任度，能够在治理网络内部形成一种良好的合作文化，增强各方的信任和合作意愿，为环境治理的长远发展奠定坚实的基础。

在现代治理中，透明度和信任度的提升还可以通过技术手段加以实现。例如，利用信息技术和大数据分析，可以实现信息的自动化收集和实时公开，进一步提高信息公开的效率和准确性。此外，区块链技术也为透明和可信的资源管理提供了新的可能，通过不可篡改的分布式账本，可以记录和追溯资源分配和使用的全过程，增强治理网络的透明性和可追溯性。

总之，提升透明度和信任度是优化治理网络的核心任务之一。通过多措并举，逐步提高治理过程的透明度和公信力，不仅可以提高治理网络的执行效率和效果，还能增强治理网络的稳定性和可持续性，为实现更高效的环境治理提供保障。这一过程需要各方的共同努力，通过不断的制度创新和实践探索，推动治理网络向更加透明、公正和高效的方向发展。

三、增强适应性与创新能力

海洋环境问题的复杂性和不确定性要求治理网络具备较高的适应性和创新能力，以应对不断变化的环境条件和突发事件。然而，许多现有的治理网络由于体制僵化和创新动力不足，常常难以迅速调整和适应新的环境挑战，这限制了其在环境治理中的有效性。

为增强治理网络的适应性，必须引入灵活的管理结构和适应性强的政策工具。这要求治理网络具备快速响应和调整能力，以便根据环境变化和治理效果及时调整策略和措施。建立动态评估机制是提升治理适应性的一个关键措施。通过定期对治理项目的实施情况进行评估，网络可以根据最新的数据和环境状况及时优化和调整治理策略。这种灵活的评估和调整机制能够确保治理措施始终与实际环境条件相符，避免因环境变化而导致的治理失效。

灵活的管理结构还包括权力和责任的分散化。在许多成功的治理网络中，权力和责任不仅仅集中于单一的政府机构，而是分配给多方参与者，包括非政府组织、社区和私人企业。这种分散化的结构有助于快速整合不同领域的专业知识和资源，提高网络整体的适应性。例如，通过引入区域性的治理委员会，集成不同利益相关者的意见和建议，可以在更广泛的基础上制定出更具适应性的治理方案。

此外，增强适应性还需要在治理网络中融入风险管理的理念。通过风险评估和管理，网络可以更好地识别潜在的环境威胁和挑战，提前制定应对措施。利用模型预测和模拟技术，可以提高对环境变化的预测能力，确保治理网络能够提前准备并迅速响应突发事件。

同时，鼓励技术创新和最佳实践的应用是提高治理效率和效果的重要途径。政府应通过政策激励和资金支持，推动新技术和新方法在环境治理中的应用。技术创新不仅包括新设备和技术的研发和应用，还包括治理方法和模式的创新。例如，推广使用智能监测设备和大数据分析技术可以显著提高对环境变化的监测和预测能力，使治理网络能够更快地获取信息并采取行动。

政府可以通过设立专项基金支持技术创新，鼓励科研机构和企业开发和应用新技术。此外，建立技术创新平台和合作机制，有助于促进技术交流和知识共享，加速创新成果在环境治理中的应用。例如，通过政府资助的科技孵化器和实验室项目，可以促进新兴技术在环保项目中的试点应用，并在成功后推广至更大范围。

适应性和创新能力的增强还可以通过国际合作和学习来实现。通过与其他国家和地区的合作交流，治理网络可以学习和借鉴国际先进的环境治理经验和技术，提升自身的适应性和创新水平。例如，参与国际环保组织和项目，能够帮助治理网络获取全球最新的环境治理技术和最佳实践，丰富自身的治理工具箱。

最后，培养和提高治理网络中各层级人员的创新意识和能力也是至关重要的。通过定期的培训和研讨会，网络成员可以不断更新知识，了解和掌握最新的技术和管理方法。这不仅可以提升他们在工作中的创造性思维能力，还能提高整个网络的创新文化氛围。

总之，增强适应性与创新能力是提升治理网络绩效的重要途径。通过引入灵活的管理结构、鼓励技术创新和最佳实践、促进国际合作和知识共享，以及提高人员创新能力，治理网络可以更有效地应对复杂多变的海洋环境挑战。这将有助于提高治理网络的灵活性和应变能力，提升治理绩效和环境改善效果，确保海洋环境的可持续发展。

第二节　政策建议

随着全球环境问题的日益复杂和严峻，海洋环境治理成为各国政府和国际社会关注的焦点。有效的治理需要科学合理的政策支持，而当前许多治理网络在政策制定和实施上面临挑战，如缺乏长远规划、政策之间缺乏协调等。为了提高治理网络的效率和效果，政策建议需要聚焦于制定长期综合规划、加强跨部门协调以及推动政策执行的透明性和有效性。本节将通过具体的建议，为提升海洋环境治理的整体绩效提供指导。

一、制定长期综合规划

在环境治理中，制定长期的综合规划至关重要。它不仅为治理网络提供了清晰的方向和目标，还确保了各项措施的持续性和一致性。当前的治理网络往往缺乏系统的长远规划，导致治理措施的连续性和效果无法得到充分保障。为了克服这一挑战，建议政府制定涵盖长远环境治理目标和具体路线图的综合规划。此规划应明确各阶段的目标和任务，并将其纳入国家和地方的经济社会发展规划。这种整合有助于确保各部门和领域之间的政策一致性和协调性，避免因部门间政策不一致而造成的资源浪费和重复建设。

制定长期综合规划首先需要明确环境治理的核心目标，包括生态系统保护、生物多样性恢复、污染控制等。基于这些核心目标，可以设定短期、中期和长期的具体任务和指标，为各阶段的治理行动提供指导。例如，可以在短期内实现污染物排放的明显减少，在中期恢复重要生态栖息地，并在长期实现海洋生态系统的全面复苏。为了确保规划的科学性和可行性，需要广泛征求各方意见，包括政府部门、学术界、非政府组织和公众。这种参与不仅可以提高规划的全面性和准确性，还能增强各方对规划的认同和支持。政府可以通过举办公开咨询会和研讨会，邀请各界专家和利益相关者参与规划的制定过程，确保其涵盖多元视角和实际需求。

除了设定明确的目标和任务，长期规划还需要考虑政策和措施的可持续性。具体而言，需要设计灵活的政策工具，确保在政策执行过程中能够根据环境变化和治理效果进行适时调整。对于那些可能受到经济或技术变化影响的措施，应预留足够的调整空间，以便快速响应突发事件和新兴挑战。为了确保规划的实施，还需要建立健全的监督和评估机制。通过定期评估各阶段目标的实现情况，可以及时发现和解决问题，调整规划和措施，保证治理工作的有效推进。政府应设立专门的评估机构或委员会，负责监测和评估治理项目的进展，并向决策者和公众反馈结果。这不仅能提高治理工作的透明度，还能增强各方的信任和参与。此外，制定长期综合规划需要充分考虑地方和国际两个层面的协同。国家层面的规划应与地方治理计划紧密结合，确保中央政策能够在地方有效落实。同时，国家也应积极参与国际环境治理合作，与其他国家分享经验和资源，推动全球环境治理的进步。

最后，为了支持长期规划的实施，政府需要确保充足的财政和技术支持。资金的有效配置和技术的持续投入是实现规划目标的基础。政府可以通过设立专项基金、引入社会资本等方式，保障资金来源的多样性和稳定性。同时，应加强对治理技术的研发和应用支持，推动创新技术在治理项目中的广泛应用。

制定长期综合规划不仅能够为海洋环境治理提供明确的方向和目标，还可以增强各方的信心和支持，推动治理项目的顺利实施。通过系统的规划和有效的实施机制，海洋环境治理将能够实现更为持久和深入的效果，助力全球可持续发展目标的实现。

二、推动制度创新

制度创新是提升治理网络效率和效果的关键手段。在许多现有治理网络中，制度常常表现出僵化和缺乏灵活性，导致难以有效应对不断变化的环境治理要求和新兴挑战。为了解决这一问题，必须通过制度创新来引入更为灵活和适应性的治理结构。

首先，"共享治理和协同治理"是值得探索的新型治理模式。共享治理强调多方参与和合作，能够在治理过程中有效利用不同利益相关者的知识和资源。通过共享治理，政府、企业、非政府组织以及社区能够在平等的基础上共同参与治理决策。这种模式的优势在于它能够集思广益，充分利用多元化的视角和技能，从而设计出更为全面和可行的治理方案。在共享治理中，透明和包容的决策过程至关重要。政府需要确保所有利益相关者都有机会表达意见和参与决策过程。这不仅增强了治理过程的民主性和合法性，还能提高政策的接受度和执行力。具体措施包括设立跨部门的决策委员会，邀请各方代表参加，定期召开公众咨询会等。

其次，"协同治理"则强调跨部门、跨领域的协作和整合。这一模式要求不同的政府部门和利益相关者打破传统的界限，形成跨学科和跨领域的合作机制。通过协同治理，可以实现资源的高效整合和信息的及时共享，从而提高治理效率和效果。例如，在海洋环境治理中，环保部门、农业部门、渔业部门以及经济部门需要协同工作，以确保治理措施的综合性和系统性。为了推动制度创新，政府可以通过"试点项目和政策实验"积累成功经验和教训，从而为全面推广提供指导。试点项目是制度创新的重要途径，它可以在有限的范围内测试新的治理机制和模式，观察其实际效果并进行改进。政府可以选择一些环境治理的重点区域，开展制度创新试点。例如，在沿海污染较严重的区域，可以尝试引入新的水质监测技术和跨部门协调机制，观察其对污染控制和生态恢复的影响。在试点项目中，政府应给予一定的政策和资金支持，鼓励地方和部门大胆尝试和探索。通过试点项目，政府可以积累丰富的治理经验，并在实践中不断完善制度设计。这种探索和试验的过程，不仅能够为其他地区提供可复制的经验，还能够形成一套行之有效的制度创新框架。此外，制度创新还需要借鉴"国际成功经验"。通过学习和借鉴国际上先进的治理模式和经验，可以为本国的制度创新提供有益的参考。例如，许多国家在环境治理中采用的生态补偿机制、公众参与机制等，都可以为我们的制度设计提供借鉴。

再次，推动制度创新不仅可以提高治理网络的灵活性和适应性，还能够增强各方的参与度和支持力度，从而为环境治理提供更好的制度保障。创新的制度能够更好地应对复杂的环境问题，提高资源利用效率，增强治理措施的科学性和有效性。同时，制度创新也为不同利益相关者参与治理提供了更广阔的空间和机会，促进了合作的深入和信任的建立。在推动制度创新的过程中，政府应发挥主导作用，但也需要广泛动员社会各界的力量，形成多元主体共建、共享、共治的局面。政府可以通过政策激励和技术支持，鼓励企业、学术机构和社会组织参与到制度创新中来，共同探索符合实际需要的治理模式。

最后，制度创新需要一个动态的过程。环境治理面临的挑战是多变的，制度设计和实施也需要不断进行调整和改进。政府应建立持续的反馈和评估机制，根据实际情况对制度进行优化和调整，以确保其适应不断变化的治理需求。

综上所述，制度创新是提升海洋环境治理效率和效果的关键所在。通过探索和实施共享治理和协同治理等新型模式，政府可以显著提高治理网络的灵活性和适应性，推动各方积极参与治理过程。通过试点项目和国际经验的借鉴，可以为制度创新提供丰富的素材和思路，为环境治理提供更为坚实的制度保障。

三、强化法律和政策框架

法律和政策框架是环境治理的重要支撑，为治理网络的有效运作提供了必要的制度保障。在现有的治理网络中，法律法规不健全和执行不力是导致治理效果不佳和治理目标难以实现的重要原因之一。因此，完善和强化法律和政策框架是提升环境治理效能的关键举措。

首先，完善环境法律法规是环境治理制度建设的首要任务。现有的环境法律体系中，往往存在法规不明确、责任界定不清晰的问题，这不仅导致治理措施的执行困难，也使得治理责任难以落实。为此，需要从以下几个方面加强环境法律法规的建设：①明确责任和权利：通过立法明确各方在环境治理中的责任和权利，确保在治理过程中每个主体都能清楚自身的责任和权利。这包括政府部门、企业、非政府组织和公众等各方主体。例如，法律应规定政府在环境保护中的监管责任，企业在生产经营中的环保责任，以及公众参与环境治理的权利。②增强法律的执行力和威慑力：法律法规的有效执行是实现治理目标的重要保障。需要建立强有力的执法机制，确保环境法律法规得到严格执行。为此，可以加强环境执法机构的建设，赋予其更多的执法权力和资源支持，提高其执行效率和能力。同时，可以通过强化对污染企业的处罚力度，形成对违法行为的强大威慑力，促进企业自觉遵守环保法规。③完善环境影响评估制度：环境影响评估（EIA）是防范环境污染和生态破坏的重要手段。在法律框架中，需严格执行环境影响评估制度，确保所有可能对环境产生重大影响的项目都经过科学评估，并根据评估结果进行合理规划和决策。

其次，需要制定和实施一系列配套政策，以提供激励和支持，鼓励各方积极参与和贡献。政府可以通过以下方式推动环境治理的政策支持：①财政支持和激励政策：政府可以设立专项资金，用于支持环保技术研发、污染治理项目和生态修复工程。通过财政支持，降低企业和社会组织参与环境治理的成本，提高其参与积极性。②税收优惠和技术补贴：为鼓励企业采用清洁生产技术和可持续发展模式，政府可以提供税收优惠政策，如减免环保技术研发费用、对使用可再生能源的企业给予税收减免等。此外，可以通过技术补贴支持企业进行环保设备的更新和技术改造，促进绿色技术的广泛应用。③建立绿色金融体系：政府可以推动建立绿色金融体系，引导社会资本投入环境治理领域。通过绿色信贷、绿色债券和绿色基金等金融工具，吸引更多的社会资本参与到环境保护和治理项目中来。

最后，强化法律和政策框架的关键在于提高治理措施的执行力和约束力。为确保法律和政策的有效实施，需建立完善的监督和评估机制：①加强环境监督和执法力度：建立多层次、多渠道的环境监督网络，确保环境治理的每一个环节都在监督之下运行。通过公众举报、媒体监督、社会组织参与等方式，形成全方位的监督机制，保障环境法律法规的执行。②定期评估和调整政策：为了适应环境变化和社会发展的需要，政府需要对环境政策进行定期评估，并根据评估结果进行调整和优化。这种动态的政策调整机制可以确保治理措施始终与实际需求相匹配，提高政策的针对性和有效性。③加强公众教育和意识提升：通过广泛的环保教育和宣传，提高公众的环境意识和法律意识，使其成为环境治理的积极参与者和监督者。只有当公众对环境保护有了深刻的理解和认识，才能形成全社会共同参与治理的良好氛围。

通过强化法律和政策框架，可以为环境治理提供有力的保障，增强治理措施的执行力和约束力，提高治理效果和环境改善水平。完善的法律和政策体系不仅能够规范各方的行为，还能引导社会各界形成合力，共同推动环境质量的持续改善和生态文明建设的深入推进。这样不仅有助于当前环境治理目标的实现，也为未来的环境可持续发展奠定了坚实的基础。

第三节　国际合作与借鉴

国际合作和经验借鉴在环境治理中扮演着至关重要的角色。面对全球化带来的环境挑战，许多国家和地区在海洋治理中取得了显著成效，其成功经验为全球环境治理提供了有益的参考和借鉴。坦帕湾的治理经验为世界其他地区提供了宝贵的教训和模式，这种成功并非偶然，而是通过多方合作、科学管理和持续创新而来。全球范围内，环境治理的成功往往依赖于多方利益相关者的协调与合作，这不仅包括政府和企业，还涉及非政府组织、学术机构以及社区的广泛参与。

在全球化和气候变化的背景下，各国在应对共同的环境问题时越来越意识到合作的重要性。通过国际合作，各国可以分享先进的技术、管理经验和政策框架，从而避免重复错误，提高效率。此外，国际合作还能够通过全球信息共享和技术转移，帮助发展中国家提高环境治理能力，实现可持续发展目标。因此，中国在推进象山港蓝色海湾整治等项目的过程中，需要积极学习和借鉴国际成功案例中的经验，并结合本地实际进行灵活应用。这不仅有助于提升国内治理水平，还能增强中国在国际环境治理事务中的话语权和影响力。

一、学习国际成功经验

借鉴国际成功经验是提高治理网络效率和效果的重要途径。全球各地在应对复杂的环境治理挑战时，已经积累了丰富的经验和实践，为我们提供了宝贵的学习机会。以美国的坦帕湾为例，这一成功案例展示了如何通过多方参与、科学管理和技术创新，有效地恢复和保护海洋环境。这些经验不仅对象山港蓝色海湾整治项目具有借鉴意义，也为中国其他地区的环境治理提供了重要的参考。

坦帕湾治理成功的一个关键因素是其多方参与和协作的治理模式。在治理过程中，各级政府、企业、非政府组织以及公众形成了良好的合作关系。通过设立合作伙伴关系和协调机制，各方力量得以充分发挥作用，实现了资源的高效整合和利用。这种协同治理模式可以帮助确保治理政策的科学性和可操作性，提升整体治理效率和效果。在中国，特别是在象山港蓝色海湾整治项目中，可以通过建立类似的多方协作平台，吸引各利益相关方积极参与治理过程。政府可以通过法律法规和政策激励，鼓励各方形成合作网络，提升治理项目的公众接受度和执行力。

科学技术的应用在坦帕湾治理中同样起到了重要作用。先进的环境监测技术和数据分析手段帮助治理团队实时掌握环境变化，并据此调整治理策略。这种动态监测和评估机制提高了治理的灵活性和响应能力。中国可以借鉴这一经验，引入和发展先进的环境监测技术，以便更准确地识别环境问题和监控治理进展。通过与科研机构和技术企业合作，推动环境科技创新，提高环境治理的科学性和效率。引进国际先进的技术标准和管理经验，不断完善本土的治理手段和方法。

法律和政策的保障在环境治理中至关重要。坦帕湾成功的一个重要原因是其完善的法律法规体系和严格的执法力度。通过制定和实施严格的环保法规，坦帕湾有效地控制了污染源，改善了生态环境。中国在环境治理中，可以借鉴这一经验，加强环境立法，完善法律体系，增强法律的执行力和威慑力。通过强化环境法律的执行，确保各项治理措施的贯彻落实。此外，还可以通过制定配套的激励政策，如税收减免、资金支持等，鼓励企业和社会组织参与环境治理项目，形成多方合作的良好氛围。

坦帕湾治理中长期规划和目标设定的成功经验也值得中国学习。通过明确的长期目标和分阶段的实施计划，坦帕湾能够持续推进治理工作，确保治理措施的延续性和一致性。中国在制定环境治理规划时，应注重长远目标和阶段性任务的结合，确保治理的可持续性。同时，应加强与国际环保组织的合作，借鉴国际先进的治理理念和管理经验，为环境治理提供更加科学和合理的指导。公众参与和教育在坦帕湾的治理过程中发挥了积极作用。通过开展多样化的公众参与活动，坦帕湾增强了公众的环保意识，提高了社会对环境治理的支持和参与度。中国可以通过加强环保教育和宣传，提高公众的环境意识和参与能力。通过组织环保活动、开放治理过程、鼓励公众监督等方式，增强治理的透明度和社会支持。特别是在象山港的治理过程中，积极引导公众参与，不仅能够提高治理的透明度，还能增强治理措施的社会接受度和可持续性。

此外，国际合作在环境治理中也扮演着重要角色。坦帕湾通过与国际组织和其他国家的合作，获得了技术支持和资金援助，提升了治理能力和水平。中国可以加强与国际社会的合作，积极参与全球环境治理行动，分享和交流治理经验与技术。通过国际合作，引进先进的治理理念和技术，为本土环境治理提供有力支持。同时，通过与国际组织的合作，可以获得更多的技术援助和资金支持，提升治理项目的科学性和可行性。

二、构建全球治理网络

构建全球治理网络是应对日益严重的全球环境挑战的关键策略。在当今的全球环境治理格局中，虽然已经有不少国际协议和组织在运作，但各国之间的协作和协调往往仍显不足，导致治理效果不尽如人意。许多国家和地区在解决环境问题时，仍然更多依赖于自身的资源和政策，而没有充分利用国际合作所带来的优势。这种局面不仅导致资源浪费，也使得本应合力解决的问题被孤立化，最终难以实现长效治理。

为了有效应对这一挑战，构建一个强有力的全球治理网络显得尤为必要。首先，各国需要意识到环境问题的全球性特质。污染物可以跨越国界，生态系统也往往不被国界所限制。因此，全球环境治理需要各国政府携手合作，共同应对这一跨国界的挑战。推动建立区域和全球层面的环境治理网络，可以使各国在国际平台上相互交流经验，分享技术，从而达到资源的最优配置。

其次，政府需要积极参与并推动国际环境协议和倡议。例如，巴黎气候协定、联合国可持续发展目标等国际框架为全球环境治理提供了政策指引和合作平台。通过参与这些国际框架，国家不仅可以履行其国际责任，还能够通过实质性贡献提升国际形象和影响力。具体而言，政府可以通过签署并严格执行这些协议来展现其在全球环境治理中的积极态度和决心，这不仅有助于树立良好的国际形象，也为国内政策的实施提供了方向和依据。

最后，构建全球治理网络还需要各国在区域性合作中发挥主动作用。区域性合作可以作为全球治理的补充和前沿试验场。例如，欧盟的环境政策协调机制、东盟的跨国环境合作项目，都在一定程度上促进了区域环境治理的协同。这样的合作能够在较小的范围内进行深度协调，积累经验，并为更大范围的全球治理提供示范效应。

为了进一步推动全球治理网络的构建，政府还应鼓励和支持非政府组织、私营企业以及科研机构参与国际环境治理。这些非国家行为体在技术创新、资金投入、公众动员等方面具有不可替代的作用。例如，国际非政府组织往往能够弥补政府在政策实施中的不足，而跨国公司则可以通过其全球供应链影响更多国家的环境实践。通过鼓励这些行为体参与全球治理，政府可以在更广泛的领域和层面上推进其环境治理目标。

值得一提的是，在构建全球治理网络的过程中，应特别关注发展中国家的参与和利益。许多环境问题在这些国家尤为严重，但由于缺乏资金、技术和治理能力，它们往往在国际合作中处于被动地位。因此，全球治理网络应该为这些国家提供更多的资金支持、技术援助和能力建设，以帮助它们提高环境治理水平。这不仅是出于环境正义的考虑，也有助于全球环境治理目标的实现。

此外，信息的共享和传播在全球治理网络中起着至关重要的作用。现代科技的发展使得全球信息交流变得更为快捷和高效。在环境治理中，各国可以通过互联网和数字平台共享环境数据、治理经验和创新技术。这种信息共享可以大大提高各国应对环境挑战的效率，同时也促进了治理经验的全球传播和应用。

三、加强知识共享与技术转移

加强知识共享与技术转移在现代环境治理中扮演着至关重要的角色。面对日益复杂的全球环境问题，各国之间的合作与交流显得尤为重要。然而，目前的治理网络中仍然存在知识和技术壁垒，影响了环境治理的效率和效果。有效的知识共享和技术转移机制有助于消除这些壁垒，促进全球环境治理能力的整体提升。

首先，知识共享是提高环境治理效率的重要手段。不同国家在环境治理中积累了丰富的实践经验和理论知识，但由于缺乏有效的共享平台，这些经验和知识往往无法得到广泛传播和应用。通过建立知识共享平台，各国可以分享治理经验、最佳实践和创新方法，帮助其他国家快速学习和应用这些成功的治理策略。例如，创建一个全球环境治理数据库，收集和整理各国的治理案例和政策文件，为政府和研究人员提供参考和借鉴。

其次，技术转移是推动环境治理进步的关键因素。在环境治理过程中，技术手段的有效应用往往能显著提升治理效果。然而，由于技术壁垒、知识产权和资金限制，许多发展中国家难以获得先进的治理技术。因此，加强技术转移，特别是从发达国家向发展中国家的技术转移，对于提升全球环境治理水平至关重要。发达国家可以通过国际合作项目、技术援助计划和跨国企业的投资等方式，将先进的环境治理技术和装备引入发展中国家，帮助其提升治理能力。

为了促进知识共享和技术转移，政府和国际组织可以采取多种措施。首先，建立多边合作机制，推动国家间的知识和技术交流。各国可以通过联合国环境规划署、国际能源署等国际组织的平台，定期举办环境治理专题研讨会、培训班和技术展览会，分享最新的研究成果和技术发展趋势。其次，设立专项基金，支持环境治理技术的研发和推广。政府和国际金融机构可以联合设立环境技术创新基金，为技术研发和应用提供资金支持，鼓励科研机构和企业积极参与环境技术创新。此外，政府还应鼓励国内科研机构和企业加强国际合作，积极参与全球环境治理技术的研发与应用。通过参与国际合作项目，科研机构和企业可以获取最新的国际环境治理信息，提升自身的技术水平和创新能力。例如，政府可以出台政策，鼓励企业与国外高校、研究机构合作，开展环境治理技术的联合研发和试验。

知识共享与技术转移不仅能提高治理网络的技术水平和创新能力，还能增强各国在环境治理中的合作水平和互信。通过知识和技术的交流，各国可以加深对彼此环境治理状况和需求的理解，从而更好地协调治理措施和政策。这样的合作有助于建立互信，减少国际间的环境冲突，提升全球环境治理的协同效应。在实践中，知识共享与技术转移的成功实施还需要解决一些现实问题。例如，知识产权保护问题是技术转移中面临的一个重要挑战。在保护知识产权的同时，如何确保技术能够在更广泛的范围内传播，是一个需要深入研究和探讨的问题。为此，各国可以通过制定合理的知识产权法律和政策，保护创新者的权益，同时促进技术的广泛应用和推广。此外，在知识共享和技术转移的过程中，文化差异、制度差异和经济水平差异也可能对合作造成一定的阻碍。各国需要通过深入的对话和交流，消除这些差异带来的不利影响，为知识和技术的流动创造良好的环境。政府和国际组织可以通过文化交流活动、双边或多边谈判等方式，加强各国之间的沟通与理解。

总的来说，加强知识共享与技术转移是全球环境治理中不可或缺的一环。通过促进知识和技术的流动，各国可以更有效地应对环境挑战，实现环境治理的可持续发展。未来，各国应进一步加强合作，推动全球环境治理技术的创新与应用，为全球生态环境的改善贡献更大的力量。通过这样的努力，全球治理网络不仅能够在技术上取得突破，也能在治理效果和国际合作中实现质的飞跃。

　　通过制度重构和政策改进，我们可以显著提升治理网络的效率和效果，从而推动环境治理的持续发展和生态平衡。本书经过研究提出，加强海湾环境治理首先要加强多方参与与合作能够调动各界的积极性，形成合力，共同应对环境挑战。其次，提升透明度和信任度将有助于消除信息不对称，增强各方对治理过程的信心，从而提高政策执行力。再者，增强治理网络的适应性和创新能力，使其更好地应对未来的不确定性和复杂变化。通过结合国际成功经验和本地实际需求，我们可以制定更加完善的政策框架，支持技术创新和制度变革，推动全球环境治理的良性循环。

后　记

本书的撰写经历了一段漫长而充实的旅程，从最初的构思到最后的定稿，我们投入了大量的时间和精力，以期能够对海洋环境治理的复杂性和多样性进行深入探讨。在全球环境问题日益突出的今天，探索有效的治理网络和政策建议变得尤为重要。我们希望本书能为从事环境治理工作的研究者、政策制定者和实践者提供有益的见解和参考。

在此，我特别感谢宁波大学法学院公共管理系（研究所）21 级硕士研究生龚钱斌同学。他结合导师国家自然科学基金项目积极参与到坦帕湾与象山港的数据收集和处理工作中。这项工作不仅繁琐且充满挑战，但龚钱斌同学以其出色的组织能力和认真负责的态度，确保了数据的准确性和全面性，为后续的研究奠定了坚实的基础。本书的撰写也得到了国家自然科学基金委和多位专家学者的支持和帮助。感谢所有参与调查和访谈的专家、学者和实务工作者，他们的宝贵意见和经验使我们的研究更加深入和完整。此外，我们也感谢家人和朋友在撰写过程中给予的理解和支持。他们在背后默默地支持，让我们能够在科研的道路上坚定前行。

在撰写本书的过程中，我们深刻认识到海洋环境治理的复杂性和多层次性，也意识到我们所做的工作仅仅是冰山一角。在面对未来的环境挑战时，仍有许多问题需要进一步研究和探讨。本书力求在已有研究的基础上，提出新的思考和建议，但难免存在不足和疏漏之处。我们诚挚希望广大读者给予批评和指正，以帮助我们不断改进和完善。

未来，我们希望继续深入研究环境治理领域的前沿问题，为构建更加有效和可持续的治理网络贡献力量。我们相信，通过各方的共同努力，海洋环境治理的未来会更加美好，也希望本书能够在这一过程中发挥积极作用。

最后，再次感谢所有支持和帮助我们的人。没有你们的贡献和鼓励，本书将无法完成。希望本书能成为连接研究与实践的桥梁，为更好地理解和解决环境问题提供一些有价值的视角和思路。

龚虹波

2024 年 7 月 30 日于清泉花园

参考文献

鲍基斯, M B, 孙清, 1996. 海洋管理与联合国[M]. 北京: 海洋出版社.

陈那波, 卢施羽, 2013. 场域转换中的默契互动: 中国"城管"的自由裁量行为及其逻辑[J]. 管理世界, (10):62-80.

陈莉莉, 王勇, 2011. 论长三角海域生态合作治理实现形式与治理绩效[J]. 海洋经济, 01(4):48-52.

陈莉莉, 景栋, 2011. 海洋生态环境治理中的府际协调研究: 以长三角为例[J]. 浙江海洋学院学报(人文科学版), 28(2):1-5.

陈瑞莲, 秦磊, 2016. 关系契约的缔结与海洋分割行政治理: 以珠江口河海之争为例[J]. 学术研究, (05):49-56.

戴瑛, 2014. 论跨区域海洋环境治理的协作与合作[J]. 经济研究导刊, (07):109-110.

范仓海, 周丽菁, 2015. 澳大利亚流域水环境网络治理模式及启示[J]. 科技管理研究, 35(22):246-252.

冯贵霞, 2014. 大气污染防治政策变迁与解释框架构建: 基于政策网络的视角[J]. 中国行政管理, (9).

高尔丁, 2016. 渤海海域生态修复工程绩效评估及管理研究[D]. 吉林大学.

顾晓英, 陶磊, 施慧雄, 等, 2010. 象山港大型底栖动物生物多样性现状. 应用生态学报, 21(6): 1551-1557.

李良才, 2012. 气候变化条件下海洋环境治理的跨制度合作机制可能性研究[J]. 太平洋学报, 20(06):71-79.

李瑞昌, 2008. 理顺我国环境治理网络的府际关系[J]. 广东行政学院学报, 20(6):28-32.

李松林, 2015. 政策场域: 一个分析政策行动者关系及行动的概念[J]. 西南大学学报(社会科学版), 41(5):40-46.

刘军, 2009. 整体社会网分析[M]. 上海人民出版社.

刘军, 2019. 整体网分:UCINET 软件实用指南[M]. 上海人民出版社.

刘桂春, 张春红, 2012. 基于多中心理论的辽宁沿海经济带环境治理模式研究[J]. 资源开发与市场, 28(1):75-79.

刘钢, 王开, 魏迎敏, 等, 2015. 基于网络信息的最严格水资源管理制度落实困境分析[J]. 河海大学学报(哲学社会科学版), 17(4):75-81.

吕光洙, 姜华, 2015. 基于政策网络视角的博洛尼亚进程研究[J]. 现代教育管理, (9):60-65.

鲁先锋, 2013. 网络条件下非政府组织影响政策议程的场域及策略[J]. 理论探索, (3):78-82.

罗鹏, 2010. 渔民转产转业政策绩效评估研究[D]. 广东海洋大学.

罗奕君, 陈璇, 2016. 我国东部沿海地区海洋环境绩效评价研究[J]. 海洋开发与管理, 33(8):51-54.

刘永超, 李加林, 袁麒翔, 等, 2016. 人类活动对港湾岸线及景观变迁影响的比较研究:以中国象山港与美国坦帕湾为例[J]. 地理学报, 71(1):86-103.

马捷, 锁利铭, 2010. 区域水资源共享冲突的网络治理模式创新[J]. 公共管理学报, 7(2):107-114.

毛丹, 2015. 美国高等教育绩效拨款政策的形成过程及政策网络分析:以田纳西州为个案[J]. 北京大学教育评论, 13(1):148-165.

宁凌, 毛海玲, 2017. 海洋环境治理中政府、企业与公众定位分析[J]. 海洋开发与管理, 34(04):13-20.

秦磊, 2016. 我国海洋区域管理中的行政机构职能协调问题及其治理策略[J]. 太平洋学报, 24(4):81-88.

全永波, 2012. 基于新区域主义视角的区域合作治理探析[J]. 中国行政管理, (4):78-81.

全永波, 2017. 海洋跨区域治理与"区域海"制度构建[J]. 中共浙江省委党校学报, (1):108-113.

全永波, 尹李梅, 王天鸽, 2017. 海洋环境治理中的利益逻辑与解决机制[J]. 浙江海洋学院学报(人文科学版), 34(01):1-6.

孙倩，于大涛，鞠茂伟，等，2017. 海洋生态文明绩效评价指标体系构建[J]. 海洋开发与管理，34(7):3-8.

孙永坤，2013. 基于生物完整性指数的胶州湾生态环境综合评价方法研究[D]. 北京：中国科学院大学.

谭羚雁，娄成武，2012. 保障性住房政策过程的中央与地方政府关系：政策网络理论的分析与应用[J]. 公共管理学报，09(1):52-63.

王惠娜，2012. 区域环境治理中的新政策工具[J]. 学术研究，(1):55-58.

王琪，刘芳，2004. 海洋环境管理：从管理到治理的变革[J]. 中国海洋大学学报(社会科学版)，(4):1-5.

王琪，何广顺，2004. 海洋环境治理的政策选择[J]. 海洋通报，(03):73-80.

吴玮林，2017. 中国海洋环境规制绩效的实证分析[D]. 浙江大学.

王印红，刘旭，2017. 我国海洋治理范式转变：特征及动因[J]. 中国海洋大学学报(社会科学版)，(6).

许阳，2017. 中国海洋环境治理的政策工具选择与应用：基于 1982—2016 年政策文本的量化分析[J]. 太平洋学报，(10):49-59.

杨锐，2016. 广东省近海海洋环境变化及其集成管理研究[D]. 广东海洋大学.

杨振姣，刘雪霞，冯森，等，2014.海洋生态安全现代化治理体系的构建[J]. 太平洋学报，(12):96-103.

杨振姣，孙雪敏，罗玲云，2016. 环保 NGO 在我国海洋环境治理中的政策参与研究[J]. 海洋环境科学，35(03):444-452.

杨振东，闫海楠，杨振姣，2016. 中国海洋生态安全治理现代化的微观层面治理体系研究[J]. 海洋信息，(4):46-53.

叶林安，欧阳萱，陈杲，等，2020. 2012—2016 年象山近岸海域水质评价与模拟研究[J]. 海洋开发与管理，37(3):31-35.

郁建兴，吴宇，2003. 中国民间组织的兴起与国家社会关系理论的转型[J]. 人文杂志，(4):142-148.

叶忠正，1995. 象山县地名志卷四海湾地名[M]. 浙江人民出版社.

于春艳，等，2016. 陆源入海污染物总量控制绩效评估指标体系的建立：以天津海域为例[J]. 海洋开发与管理，33(12):61-66.

于谨凯, 杨志坤, 2012. 基于模糊综合评价的渤海近海海域生态环境承载力研究[J]. 经济与管理评论, (3):54-60.

张江海, 2016. 整体性治理理论视域下海洋生态环境治理体制优化研究[J]. 中共福建省委党校学报, (2):58-64.

张秋丰, 靳玉丹, 李希彬, 等, 2017. 围填海工程对近岸海域海洋环境影响的研究进展. 海洋科学进展 35, (4)：454-461.

张继平, 熊敏思, 顾湘, 2013. 中澳海洋环境陆源污染治理的政策执行比较[J]. 上海行政学院学报, (3):64-69.

郑奕, 2014. 中国沿海地区海洋经济与环境的综合评价方法与实证分析[C]. 中国环境科学学会学术年会.

郑晓梅, 2001. 欧洲水协会建立水污染控制网络[J]. 环境工程学报, (3):6-16.

曾相明, 管卫兵, 潘冲, 2001.象山港多年围填海工程对水动力影响的累积效应. 海洋学研究.

周恩毅, 胡金荣, 2014. 网络公民参与:政策网络理论的分析框架[J]. 中国行政管理, (11).

周莹, 2014. 广东海洋环境政策绩效评价研究[D]. 广东海洋大学.

朱春奎, 沈萍, 2010. 行动者、资源与行动策略:怒江水电开发的政策网络分析[J]. 公共行政评论, 03(4):25-46.

朱君, 韩树宗, 郑连远, 2015. 影响坦帕湾水交换的三种因素[J]. 海洋与湖沼, 46(1):17-26.

中国海湾志编纂委员会, 1991. 中国海湾志（第五分册）[M]. 北京：海洋出版社.

ATKINSON M M, COLEMAN W D, 1989. Strong States and Weak States: Sectoral Policy Networks in Advanced Capitalist Economies [J]. British Journal of Political Science, 19(1), 47-67.

ALAVA J, CHEUNG W, ROSS P, et al., 2017. Climate change－contaminant interactions in marine food webs: Toward a conceptual framework. Global Change Biology, 23, 3984－4001.

ALDRICH J H, 1976.Some problems in testing two rational models of participation[J]. American Journal of Political Science,20:713-734.

BAKKER K, 2005. Neoliberalizing nature? Market environmentalism in water supply in England and Wales[J]. Annals of the association of American Geographers, 95(3): 542-565.

BECK M, SHERWOOD E, HENKEL J, et al., 2019. Assessment of the Cumulative Effects of Restoration Activities on Water Quality in Tampa Bay, Florida. Estuaries and Coasts, 42, 1774 - 1791.

BERARDO R, SCHOLZ J T, 2010.Self-Organizing Policy Networks: Risk, Partner Selection, and Cooperation in Estuaries[J]. American Journal of Political Science, 54(3): 632-649.

BURT D J, 1992. Structural holes: The social structure of competition[M]. Cambridge, MA: Harvard University Press.

CASHORE B, 2002. Legitimacy and the privatization of environmental governance: How non – state market – driven (NSMD) governance systems gain rule – making authority[J]. Governance, 15(4): 503-529.

CARRARO C, SINISCALCO D, 1993. Strategies for the international protection of the environment. Journal of Public Economics, 52, 309-328.

CATARINA G, 2011. Institutional Interplay in Networks of Marine Protected Areas with Community-Based Management[J]. Coastal Management, 39(4): 440-458.

CENTER P, 1999. Rapid watershed planning handbook: A comprehensive guide for managing urbanizing watersheds[M]. Ellicott.

CHEN Z, MULLER F, Hu C, 2007. Remote sensing of water clarity in Tampa Bay. Remote Sensing of Environment, 109, 249-259.

CHANG Y C, Gullett W, FLUHARTY D L, 2014. Marine environmental governance networks and approaches: Conference report[J]. Marine Policy, 46(2):192-196.

CHEN L L, WANG Y, 2011. Discussion on the Forms of Achievement and Performance of Governance of the Ecological and Cooperative Administration in the Yangtze River Delta Area[J]. Marine Economy.

CICCHETTI G, Greening H, 2011. Estuarine Biotope Mosaics and Habitat Management Goals: An Applic ation in Tampa Bay, FL, USA. Estuaries and Coasts.

COLEMAN J S. 1988. Social Capital in the Creation of Human Capital[J]. American Journal of Sociology, 94(9):95-120.

DASSEN A, 2010. Steering in and Steering by Policy Networks[J]. Networks: Structure and Action.

DAY J, 2008. The need and practice of monitoring, evaluating and adapting marine planning and management—lessons from the Great Barrier Reef[J]. Marine Policy, 32(5): 823-831.

DIAZ K, LUISA J, KATRINA M, 2014. Rethinking a Typology of Watershed Partnerships: A Governance Perspective [J]. Public Works Management & Policy.

DALY A J, CHRISPEELS J, 2008. A question of trust: Predictive conditions for adaptive and technical leadership in educational contexts[J]. Leadership and Policy in Schools, 7(1):30-63.

EDELENBOS J, Klijn A H, 2007.Trust in complex decision-making networks: A theoretical and empirical exploration[J]. Administration & Society, 39(1): 25-50.

FAERMAN S R, MCCAFFREY D P, VAN S, 2001. Understanding interorganizational cooperation: Public-private collaboration in regulating financial market innovation[J]. Organization Science, 12(3):372-388.

FOX H E, MASCIA M B, Basurto X, et al., 2012. Reexamining the science of marine protected areas: linking knowledge to action[J]. Conservation Letters, 5(1):1-10.

GRADDY E A, CHEN B, 2009. Partner selection and the effectiveness of interorganizational collaborations[M]. Georgetown University Press.

GRADDY E A, Ferris J A. 2006. Public-private alliances: why, when, and to what end? [M] Elsevier.

GREENING H, JANICKI A, 2006. Toward Reversal of Eutrophic Conditions in a Subtropical Estuary: Water Quality and Seagrass Response to Nitrogen Loading Reductions in Tampa Bay, Florida, USA[J]. Environmental Management.

GLEN W, 2015. Marine governance in an industrialised ocean: A case study of the emerging marine renewable energy industry [J]. Marine Policy, 52, 77-84.

GUPTA A, 2010. Transparency in Global Environmental Governance: A Coming of Age?[J]. Global Environmental Politics,10(10):1-9.

GRIMM N, FOSTER D, GROFFMAN P, et al., 2008. The changing landscape : ecosystem responses to urbanization and pollution across climatic and societal gradients. Frontiers in Ecology and the Environment, 6, 264-272.

HASTINGS J G, Orbach M K, Karrer L B, et al., 2015. Multisite, Interdisciplinary Applications of Science to Marine Policy: The Conservation International Marine Management Area Science Program[J]. Coastal Management, 43(2):105-121.

HARDIN G, 1968. The Tragedy of the Commons Science 162[J]. Journal of Natural Resources Policy Research, 162(13)(3):243-253.

HIMES, AMBER H, 2005. Performance indicators in marine protected area management: a case study on stakeholder perceptions in the Egadi Islands Marine Reserve[D]. University of Portsmouth.

JACINTO G, AZANZA R, VELASQUEZ I, et al., 2006. Manila Bay: Environmental Challenges and Opportunities[R]. 309-328.

JORDAN G, SCHUBERT K, 1992. A preliminary ordering of policy network labels[J]. European Journal of Political Research, 21(1-2):7-27.

JOHANSSON J, Lewis R, 1992. Recent improvements of water quality and biological indicators in Hillsborough Bay, a highly impacted subdivision of Tampa Bay, Florida, USA. Science of The Total Environment, 1199-1215.

KIM S G. 2012. The impact of institutional arrangement on ocean governance: International trends and the case of Korea[J]. Ocean & Coastal Management, 64(64):47-55.

KICKERT W J M, KLIJN E, KOPPENJAN J F M, 1997.Managing complex networks: Strategies for the public sector[J]. Thousand Oaks, CA: Sage,

KALNAY E, CAI M, 2003. Impact of urbanization and land-use change on climate[J]. Nature, 423, 528-531.

LARSON A, 1992. Network dyads in entrepreneurial settings: A study of the governance of exchange relationships[J]. Administrative Science Quarterly, 37(1):76-104.

LAWRENCE J, 2003.Changing National Approaches to Ocean Governance: The United States, Canada, and Australia[J]. Ocean Development & International Law, 34(2):161-187.

LOPEZ M A, GIOVANNELLI R, 1984. Water-quality characteristics of urban runoff and estimates of annual loads in the tampa bay area, florida[R], 75-80. Water-Resources Investigations Report.

LI J, et al., 2018. Spatiotemporal change patterns of coastlines in Xiangshan Harbor (Zhejiang, China) during the past 40 years[J]. Journal of Coastal Research 34.6: 1418-1428.

LAWRENCE J, 2010. The European Union and the Marine Strategy Framework Directive: Continuing the Development of European Ocean Use Management[J]. Ocean Development & International Law, 41(1):34-54.

LOGAN B N, DAVIS L, PARKER V G, 2010. An interinstitutional academic collaborative partnership to end health disparities[J]. Health Education & Behavior, 37(4):580-592.

LEEUWEN J V, TATENHOVE J V, 2010. The triangle of marine governance in the environmental governance of Dutch offshore platforms[J]. Marine Policy, 34(3):590-597.

LUBELL M, et al., 2002. Watershed partnerships and the emergence of collective action institutions[J]. American Journal of Political Science: 148-163.

LUNDIN M, 2007. Explaining cooperation: How resource interdependence, goal congruence, and trust affect joint actions in policy implementation[J]. Journal of Public Administration Research and Theory, 17(4):651-672.

LEVINE S, WHITE P E, 1961. Exchange as a conceptual framework for the study of interorganizational relationships[J]. Administrative Science Quarterly, 5(4): 583-601.

MARGOLUIS R, SALAFSKY N, 1998. Measures of success: designing, managing, and monitoring conservation and development projects[M]. Island Press.

MCGLADE J M, PRICE A R G, 1993. Multi-disciplinary modelling: an overview and practical implications for the governance of the Gulf region[J]. Marine Pollution Bulletin, 27(93):361-375.

MYRNA M, TODDI S, 2011. Understanding what can be accomplished through interorganizational innovations The importance of typologies, context and management strategies[J]. Public Management Review, 5(2):197-224.

MUTHUSAMY S K, WHITE M A, 2005. Learning and knowledge transfer in strategic alliances: A social exchange view[J]. Organization Studies, 26(3): 415-441.

MCCAIN B, et al., 1996. Chemical contaminant exposure and effects in four fish species from Tampa Bay, Florida. Estuaries, 19, 86-104.

MCCARTHY M J, MULLER F E, OTIS D B, et al., 2018. Impacts of 40 years of land cover change on water quality in Tampa Bay, Florida [J]. Cogent Geoscience, 4(1): 1-21.

MACDONALD D, CARR R, Eckenrod D, et al., 2004. Development, Evaluation, and Application of Sediment Quality Targets for Assessing and Managing Contaminated Sediments in Tampa Bay, Florida [J]. Archives of Environmental Contamination and Toxicology, 46, 147-161.

MING C, 2011. Contrast of simulation nutrients transport and transformation with pelagic ecosystems of mesocosm in different temperature sections in Xiangshan Bay [J]. Journal of Fisheries of China.

NINA M, TILL M, 2013. Dividing the common pond: regionalizing EU oceangovernance[J]. Marine Pollution Bulletin, 67:66-74.

O'TOOLE L J, 2003.Interorganizational relations in implementation[M]. London: Sage.

OSTROM E, 1990. Governing the commons [M]. Cambridge University Press.

OSTROM E, 1998. A behavioral approach to the rational choice theory of collective action[J]. American Political Science Review, 92(1):1-22.

PAHL C. 2009. A conceptual framework for analysing adaptive capacity and multi-level learning processes in resource governance regimes[J]. Global Environmental Change, 19(3): 354-365.

POWELL W W, 1990. Neither market nor hierarchy: Network forms of organization[M]. Greenwich, CT: Jai Press Ltd,

POLLNAC R, CHRISTIE P, CINNER J E, et al., 2010. Marine reserves as linked social-ecological systems[J]. Proceedings of the National Academy of Sciences of the United States of America, 107(43):18262-18265.

PROVAN K G, KENIS P. 2008. Modes of network governance: Structure, management, and effectiveness[J]. Journal of Public Administration Research and Theory, 18(2), 229-252.

POMEROY R S, PARKS J E, WATSON L M, et al., 2004. How is your MPA doing? A guidebook of natural and social indicators for evaluating marine protected area management effectiveness [M]. Cambridge University Press.

PUTNAM R D, 2000. Bowling alone: The collapse and revival of american community[M]. New York: Simon & Schuster.

RAUFFLET E, BERKES F C, FOLKE E, 1998. Linking Social and Ecological Systems: Management Practices and Social Mechanisms for Building Resilience[M]. Cambridge University Press.

RHODES R A W, MARSH D, 1992. New directions in the study of policy networks[J]. European Journal of Political Research, 21(1-2):181-205.

RETRUM J H, CHAPMAN C L, VARDA D M, 2013. Implications of network structure on public health collaboratives[J]. Health education & behavior: The official publication of the society for public health education, 40(1 Suppl), 13S-23S.

RONALD S B, 2000. The network structure of social capital[J]. Research In Organizational Behavior, (22): 345-423.

RUSSELL M, Greening H, 2013. Estimating Benefits in a Recovering Estuary[J]. Tampa Bay, Florida. Estuaries and Coasts, 38, 9-18.

RUIZ A, POSSINGHAM H P, EDWARDS-JONES G, et al., 2015. A multidisciplinary approach in the design of marine protected areas: Integration of science and stakeholder based methods[J]. Ocean & Coastal Management, 103(43):86-93.

ROTHSTEIN B, 2000. Trust, social dilemmas and collective memories[J]. Journal of Theoretical Politics, 12(4): 477-501.

SCHOLZ J T, Wang C L, 2006. Cooptation or Transformation? Local Policy Networks and Federal Regulatory Enforcement[J]. American Journal of Political Science, 50(1):81-97.

SHERWOOD E T, GREENING H S, JOHANSSON J O R, et al., 2017. Tampa Bay (Florida, USA): documenting seagrass recovery since the 1980s and reviewing the benefits [J]. Southeastern Geographer, 57(3): 294-319.

SCHOLZ J T, BERARDO R, KILE B, 2008. Do networks solve collective action problems? Credibility, search, and collaboration[J]. The Journal of Politics, 70(2): 393-406.

SCHULZ K, STEVENS P W, HILL J E, 2020. Coastal wetland restoration improves habitat for juvenile sportfish in Tampa Bay, Florida, U.S.A [J]. Restoration Ecology.

SHERWOOD E., GREENING H, JANICKI A, et al., 2016. Tampa Bay estuary: Monitoring long-term recovery through regional partnerships[J]. Regional Studies in Marine Science, 4, 1-11.

SHAW J, 2014. Environmental governance of coasts[J]. Metabolomics Official Journal of the Metabolomic Society, 11(4):1-16.

SCHMIDT S M, KOCHAN T A, 1977. Interorganizational relationships: Patterns and motivations[J]. Administrative Science Quarterly, 22(2):220-234.

STEIN C, ERNSTSON H, BARRON J, 2011. A social network approach to analyzing water governance: The case of the Mkindo catchment, Tanzania[J]. Physics and Chemistry of the Earth, Parts A/B/C, 36(14): 1085-1092.

SHERWOOD E, GREENING H, 2014. Potential Impacts and Management Implications of Climate Change on Tampa Bay Estuary Critical Coastal Habitats[J]. Environmental Management.

TIFFANY C, SMYTHE, 2017. Marine spatial planning as a tool for regional ocean governance? An analysis of the New England ocean planning network [J]. Ocean & Coastal Management, 135:11-24.

TOMASKO D, CORBETT C, GREENING H, et al., 2005. Spatial and temporal variation in seagrass coverage in Southwest Florida: assessing the relative effects of anthropogenic nutrient load reductions and rainfall in four contiguous estuaries[J]. Marine pollution bulletin, 50(8), 797-805 .

TONE K, 2002. A slacks-based measure of super-efficiency in data envelopment analysis[J]. European Journal of Operational Research, 143(1):32-41.

UZZI B, 1997. Social structure and competition in interfirm networks: The paradox of embeddedness[J]. Administrative Science Quarterly, 42(1):35-67.

VAN V, EMMET T, KOENING R J, et al., 1975. Frameworks for interorganizational analysis[M]. Kent, OH: Kent State University Press.

VIGNOLA R, MCDANIELS T L. 2013.Governance structures for ecosystem-based adaptation: Using policy-network analysis to identify key organizations for bridging information across scales and policy areas[J]. Environmental science & policy, 31: 71-84.

WAARDEN F V. 1992. Dimensions and types of policy networks[J]. European Journal of Political Research, 21(1-2):29-52.

WARHURST A. 2002. Sustainability indicators and sustainability performance management[J]. Mining and Energy Research Network, 43.

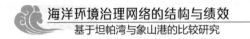
WASSERMAN S, FAUST K, 1994. Social network analysis: Methods and applications[M]. Cambridge university press.

WANG R, Kalin L, 2017. Combined and synergistic effects of climate change and urbanization on water quality in the Wolf Bay watershed, southern Alabama[J]. Journal of environmental sciences, 64, 107-121.

XIAO L, 2012. Status analysis of nutrients and eutrophication assessment in seawater of the Xiangshan Harbor[J]. Journal of Fujian Fisheries.

YOSHIFUMI T, 2004. Zonal and integrated management approaches to ocean governance[J]. Marine and coastal law, 3.

ZHU W, Li F, 2012. Scenario Analysis in Coastal Wetland Development: a Case Study in Xiangshan Bay[J]. Advanced Materials Research, 610-613, 3826- 3831.

作者简介

　　龚虹波，女，浙江宁波人，浙江大学行政管理本科，浙江大学政治学理论硕士，中国人民大学行政管理学博士，美国佛罗里达州立大学高级访问学者。宁波大学法学院公共管理系教授，公共管理学科负责人，博士生导师；宁波大学东海研究院研究员、宁波市哲学社会科学重点研究基地"市域社会治理现代化"首席专家；主要研究方向为地方政府与海洋环境治理。

　　主持国家自然基金课题、国家社科基金课题、教育部人文社科课题、省社科规划重点课题等省部级以上课题 20 多项。在国内外高级别期刊上发表论文近 50 篇。获省哲学社会科学优秀成果奖二等奖 1 项（排名第一）、一等奖 1 项（排名第二），全国第二届新制度经济学年会论文二等奖 1 项，市哲学社会科学优秀成果奖一等奖 1 项、二等奖 2 项，浙江省哲学社会科学"十四五"学科专家组成员、入选浙江省"新世纪 151 人才工程"、浙江省高校中青年学科带头人、浙江省之江青年学者、宁波市领军与拔尖人才工程第一层次。